盲蝽分区监测与治理

Forecast and management of mirid bugs
in multiple agroecosystems of China

姜玉英　陆宴辉　曾　娟　主编

中国农业出版社

编 写 人 员

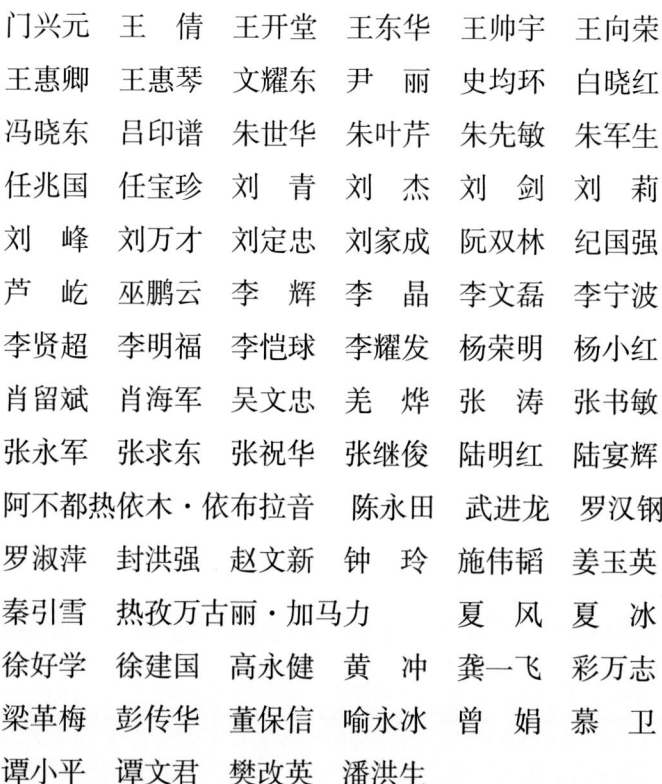

主　　编　姜玉英　陆宴辉　曾　娟

编　　者（以姓氏笔画为序）

门兴元　王　倩　王开堂　王东华　王帅宇　王向荣

王惠卿　王惠琴　文耀东　尹　丽　史均环　白晓红

冯晓东　吕印谱　朱世华　朱叶芹　朱先敏　朱军生

任兆国　任宝珍　刘　青　刘　杰　刘　剑　刘　莉

刘　峰　刘万才　刘定忠　刘家成　阮双林　纪国强

芦　屹　巫鹏云　李　辉　李　晶　李文磊　李宁波

李贤超　李明福　李恺球　李耀发　杨荣明　杨小红

肖留斌　肖海军　吴文忠　羌　烨　张　涛　张书敏

张永军　张求东　张祝华　张继俊　陆明红　陆宴辉

阿不都热依木·依布拉音　　陈永田　武进龙　罗汉钢

罗淑萍　封洪强　赵文新　钟　玲　施伟韬　姜玉英

秦引雪　热孜万古丽·加马力　　夏　风　夏　冰

徐好学　徐建国　高永健　黄　冲　龚一飞　彩万志

梁革梅　彭传华　董保信　喻永冰　曾　娟　慕　卫

谭小平　谭文君　樊改英　潘洪生

Foreword
前　言

　　近年来，在农作物种植结构改变、Bt棉花种植、高毒农药被替代等因素的综合影响下，盲蝽区域性种群剧增，在棉花、枣、葡萄等多种作物上猖獗为害。为及时有效解决生产上这一越来越突出的问题，2011年农业部下达了公益性行业（农业）科研专项"盲蝽可持续治理技术的研究与示范"（201103012），该项目由中国农业科学院植物保护研究所主持，全国农业技术推广服务中心、中国农业科学院棉花研究所、中国农业大学、河南省农业科学院植物保护研究所、河北省农林科学院植物保护研究所、山东省农业科学院植物保护研究所和江苏省农业科学院植物保护研究所等单位参加。项目自启动实施以来，在首席科学家吴孔明院士的带领下，各项目参加单位分工协作，进一步明确了我国三大棉区不同作物种植模式下盲蝽的发生规律和为害特点，重点突破了盲蝽灯诱、性诱和寄主植物源活性物质诱杀以及寄生蜂规模化饲养与田间释放、农药抗性预防治理等关键技术；分别建立了棉花和果树盲蝽可持续治理技术体系，并在盲蝽主要为害区示范应用，有效遏制了盲蝽的区域性为害。

　　为及时总结项目研究成果，促进生产技术进步，按项目执行计划编写了本书。本书包括盲蝽种类及形态识别、为害状、生物学特性、发生规律、预测预报技术和综合防治技术6个章节。重点总结了2011年以来的研究成果，尤其是盲蝽分区和各区域的监测与综合治理技术。内容侧重于生产应用，并附加大量图片加以说明，力求以图文并茂的方式呈现给读者。本书对于生产一线的技术人员做好虫情调查和防治具有重要的指导作用，对科研人员做好研究工作也具有参考作用。

全国农业技术推广服务中心承担了"盲蝽的测报规范的研制与推广应用"子课题研究任务，并组织河北沧县、山东郓城、山西芮城、陕西大荔、河南杞县、江苏通州、安徽望江、东至、太湖、无为，湖北潜江、湖南南县、华容，江西彭泽，新疆沙湾、库车、尉犁、麦盖提、博乐、吐鲁番等11个省份的20个县（市）植保站完成了灯诱、性诱和色诱等试验示范工作。课题组还分别在山东烟台和沾化、河北黄骅、河南泌阳、江苏大丰等地建立了棉花、葡萄、冬枣、苜蓿等作物的综合防控示范区；分别在新疆、山东、湖北成功举办了测报和防治技术培训。值此，对以上各省（自治区）、市、县相关部门对试验研究和培训工作的支持和配合谨致衷心感谢！

项目首席科学家吴孔明院士、全国农业技术推广服务中心钟天润副主任和张跃进首席专家对研究工作以及本书编写给予了大量的指导和帮助，一并表示真诚的感谢！

由于编者的知识和经验有限，收集的资料尚有不足，书中遗漏和不足之处，敬请读者指正。

编　者

2014年9月16日

Contents

目　录

第一章
种类及形态识别

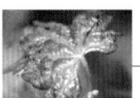

　　盲蝽是我国棉花产区的一类重要害虫，发生的种类主要有绿盲蝽[*Apolygus lucorum* (Meyer-Dür)，属半翅目盲蝽科后丽盲蝽属]、中黑盲蝽[*Adelphocoris suturalis* (Jakovlev)，属半翅目盲蝽科苜蓿盲蝽属]、三点盲蝽[*Adelphocoris fasciaticollis* (Reuter)，属半翅目盲蝽科苜蓿盲蝽属]、苜蓿盲蝽[*Adelphocoris lineolatus* (Goeze)，属半翅目盲蝽科苜蓿盲蝽属]、牧草盲蝽[*Lygus pratensis* (L.)，属半翅目盲蝽科草盲蝽属]。各棉花产区发生的盲蝽优势种类不同，同一棉区内由于寄主种类不同发生的盲蝽优势种也有差别。黄河流域棉区以绿盲蝽为主，其次是中黑盲蝽、苜蓿盲蝽和三点盲蝽。长江流域棉区以中黑盲蝽为主，其次是绿盲蝽、苜蓿盲蝽和三点盲蝽，如江苏和安徽以绿盲蝽和中黑盲蝽混合发生，而湖北、湖南、江西则是中黑盲蝽占绝对优势。西北内陆棉区以牧草盲蝽为主，苜蓿盲蝽次之，绿盲蝽也有分布和危害。

　　绿盲蝽在自然界分布地域广泛。在国外主要分布于日本、俄罗斯、埃及、阿尔及利亚和欧洲及北美洲等地。在我国，除海南、西藏外，在其他省份均有分布，北起黑龙江，南迄广东、广西，西自新疆、甘肃、青海、四川、云南，东达沿海各地。绿盲蝽发生为害主要集中在黄河流域棉区和长江流域棉区。2014年，绿盲蝽在新疆昌吉回族自治州玛纳斯县严重为害棉花和葡萄等作物，这是西北内陆棉区首次关于绿盲蝽为害农作物的记载。

　　中黑盲蝽在国外分布于朝鲜、日本（北海道至九州）、前苏联（西伯利亚东部、沿海地区及高加索等地）。在我国的分布，北起黑龙江，南迄江西（九江）、湖南中南部，西自甘肃东部、陕西、四川，东达沿海各地。主要集中于长江流域和黄河流域棉区。

三点盲蝽是我国特有的种，主要分布于陕西、山西、山东、河北、河南等黄河流域棉区，江苏（北部）、安徽、湖北、四川等长江流域棉区也有发生。

苜蓿盲蝽是世界性害虫。在国外分布于前苏联（远东沿海、西伯利亚）、伊朗、叙利亚、土耳其、埃及、突尼斯、阿尔及利亚等国及土耳其斯坦、高加索等地区，北美洲也有分布。在我国主要分布于黄河流域及西北内陆棉区，长江流域棉区也有发生。

牧草盲蝽在国外分布于日本（本州、四国、九州）、蒙古、前苏联（西伯利亚、东部沿海地区）、伊朗、土耳其等国和中亚细亚、土耳其斯坦、高加索地区及北美洲（加拿大、美国）和中美洲（墨西哥）等地。在我国主要分布于新疆和甘肃等西北内陆棉区，陕西、河北、河南、湖北等地也有分布。

一、形态特征

盲蝽有3种虫态，即成虫、卵、若虫。

（一）成虫

1. 形态特征　触角4节，线形，多数着生于眼内缘的中段或其下方，刺吸式口器，喙4节，复眼1对，无单眼。前胸背板前缘常由横沟划分出一个狭的区域，称为颈片，其后有2个低的突起，称为胝。翅2对，前翅基部半革质，分为爪区（爪片）、革区（革片）、楔片和膜区（膜片），膜区基部和翅脉围成2个或1个翅室；后翅膜质（图1-1）。足分腿节（股节）、胫节、跗节和爪几部分。

2. 田间蝽类昆虫区分　棉田蝽类昆虫种类较多，可用以下分科检索表加以区分：

1. 喙3节，有时4节，但第一节极短 ………………………………… 2

　喙4节 ……………………………………………………………… 3

2. 前翅具缘片；无翅种类无单眼；前翅通常完整，小型，捕食性 …… ……………………………………… 花蝽科（Anthocoridae）

　前翅无缘片；无翅种类有单眼；前翅通常具有2个翅室 ………… ……………………………………… 猎蝽科（Reduviidae）

3. 前翅无楔片，膜片具若干纵脉 …………………………………… 4

　前翅具楔片，膜片翅脉简单，具2个翅室；无单眼；跗节2节，第一

　　节短于第二节 ……………………………………… 盲蝽科（Miridae）

4. 腹部腹面具毛点，毛点常位于腹部基部及两侧；跗节顶端具爪垫；身体不扁平；前足胫节腹面无成列小刺 …………………………… 5
　　腹部腹面无毛点；跗节顶端无爪垫；身体极扁平，或前足腿节较粗，胫节腹面具2列小刺 ……………………………… 姬蝽科（Nabidae）

5. 小盾片大小不一，但至少达前翅膜片基部，2个爪片不互相接触，或互相接触，但不形成完整的爪片接合缝；小盾片有时甚大，完全覆盖腹部背面；触角通常5节 …………………………………………… 8
　　小盾片小，包围于前翅两爪片间，爪片形成完整的爪片接合缝；触角4节 ………………………………………………………………… 6

6. 前翅膜片翅脉不多于5条，直接起源于膜片基部；身体细长；头眼前部分向前平伸或略下倾；触角及足均细长，触角第一节顶端及第四节膨大；后足腿节顶端膨大呈棒状；小盾片通常具刺 ………………
　　………………………………………………… 跷蝽科（Berytidae）
　　前翅膜片翅脉数多，多起源于膜片基部的1条横脉上；身体形状不一；触角和足不特别细长，小盾片通常不具刺 …………………… 7

7. 膜片翅脉在基部形成1个或2个翅室，由此分出许多支脉；无单眼 …
　　………………………………………………… 红蝽科（Pyrrhocoridae）
　　膜片具4～5条简单的纵脉，不形成翅室；有单眼 ………………
　　………………………………………………… 长蝽科（Lygaeidae）

8. 前翅革片中央有1大红斑；朱红色 ……… 朱蝽科（Parastrachidae）
　　不为上述 ………………………………………………………… 9

9. 头横宽；复眼大且突出 ……………… 大眼长蝽科（Geocoridae）
　　头不横宽；复眼一般不突出 ……………… 蝽科（Pentatomidae）

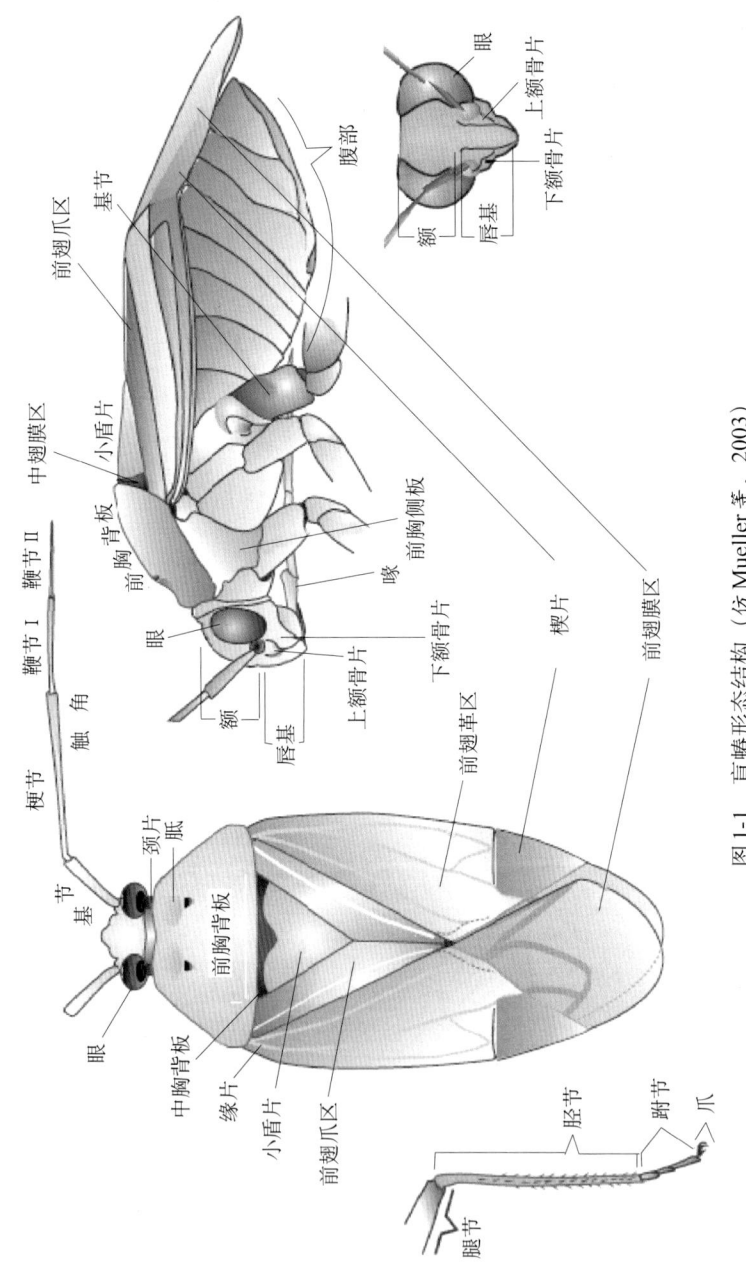

图 1-1 盲蝽形态结构（仿 Mueller 等，2003）

雌成虫、雄成虫的区别主要是看腹部是否有产卵器（图1-2）。

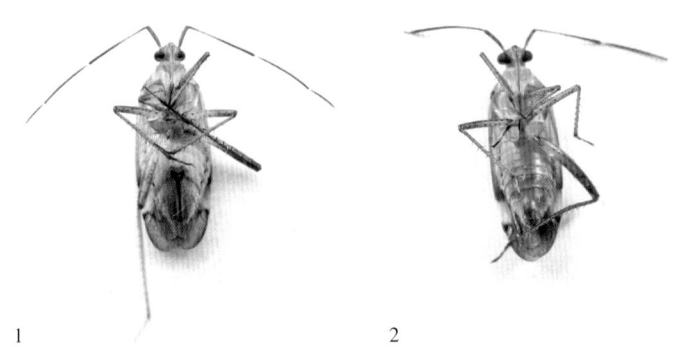

1   2

图1-2 盲蝽雌性（1）和雄性（2）个体的腹部特征（陆宴辉提供）

3. 雌成虫卵巢发育级别　结合卵巢管长度、卵母细胞发育和卵黄蛋白沉积情况，将卵巢分为5级（以绿盲蝽为例，图1-3）。1级：卵巢管长度为0.5～1.0mm，主要由卵原区（含滋养细胞）、初级卵母细胞区组成，无卵黄蛋白沉积。2级：卵巢管长度为1.1～2.0mm，卵母细胞体积增大，每根卵巢管含2～4个卵室，有少量卵黄蛋白沉积，未见成熟卵。3级：卵巢管长度为2.1～3.0mm，大量卵黄蛋白沉积至卵母细胞，卵巢内可见有卵盖的成熟卵，个别成熟卵进入侧输卵管。4级：卵巢管长度为3.1～5.0mm，每根卵巢管含有3～5个卵室并可见1～2粒成熟卵，有黄体素存在。5级：卵巢管开始萎缩，长度1.8～3mm，每根卵巢管含2～3个卵室，卵巢内仅有少量成熟卵存在。

（二）卵

盲蝽卵为略弯曲的香蕉形，埋产于植物组织中（图1-4）。卵的前端暴露

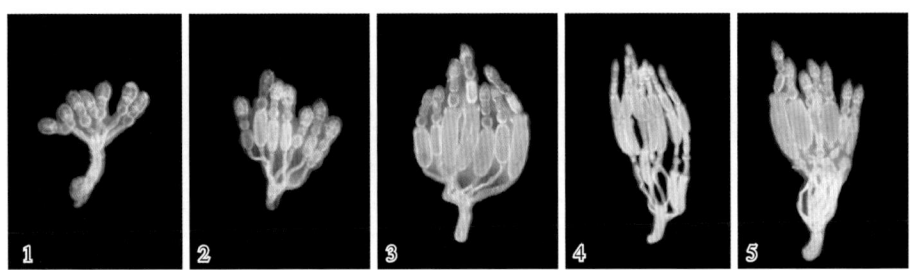

图1-3 绿盲蝽雌成虫卵巢发育各级别特征(从左至右依次为1～5级)（陆宴辉提供）

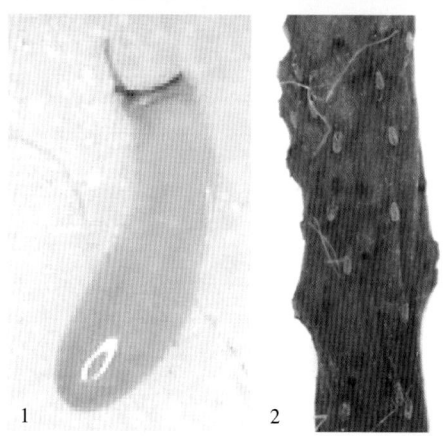

图1-4　绿盲蝽卵（1）以及卵产于植物组织
后在表面留下的卵盖部分（2）
（1.封洪强提供；2.陆宴辉提供）

于外，此端有一个略粗于卵体且有一定厚度的盖状构造，称卵盖。卵盖侧面具有许多平行的纵走细微沟状开口，称呼吸孔沟；卵盖的一端常有一突起向外端伸出，称呼吸角；两者均用于卵的气体交换。

（三）若虫

盲蝽若虫一般为5个龄期，各龄期主要以翅芽长短进行区别（图1-5），其中，一龄无翅芽；二龄具极微小的翅芽；三龄翅芽末端达腹部第一节中部；四龄翅芽绿色，末端达腹部第三节；五龄翅芽端部变黑，达腹部第四至五节。若虫每蜕一次皮即增加1龄（图1-6）。

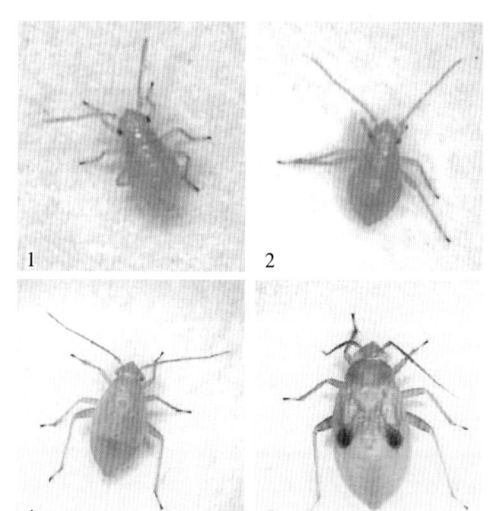

图1-5　绿盲蝽一至五龄若虫（从
1至5）（封洪强提供）

图1-6　蜕皮中的绿盲蝽若虫
（陆宴辉提供）

二、种类识别

（一）绿盲蝽

成虫：体长5～5.5 mm，宽2.5 mm，全体绿色。头宽短。眼黑色，位于头侧。触角4节，比身体短，第二节最长，基两节绿色，端两节褐色。喙4节，末端达后足腿节端部，端节黑色。前胸背板绿色，颈片显著，浅绿色；小盾片绿色。前翅爪区、革区、楔片和翅室脉纹均绿色，革区端部与楔片相接处略呈灰褐色，膜区暗褐色。足绿色，腿节膨大；胫节有刺；跗节3节，端节最长，黑色；爪2个，黑色。

若虫：洋梨形，全体鲜绿色。被稀疏黑色刚毛。头三角形。唇基显著，眼小，位于头侧。触角4节，比体短。喙4节，绿色，端节黑色。腹部10节。臭腺开口于腹部第三节背中央后缘，横缝状，周围黑色。足的跗节2节，端节长，端部黑色；爪2个，黑色。

卵：长1 mm左右，宽0.26 mm，长形，端部钝圆，中部略弯曲，颈部较细，卵盖黄白色，前、后端高起，中央稍微凹陷。

绿盲蝽成虫和若虫形态见图1-7。

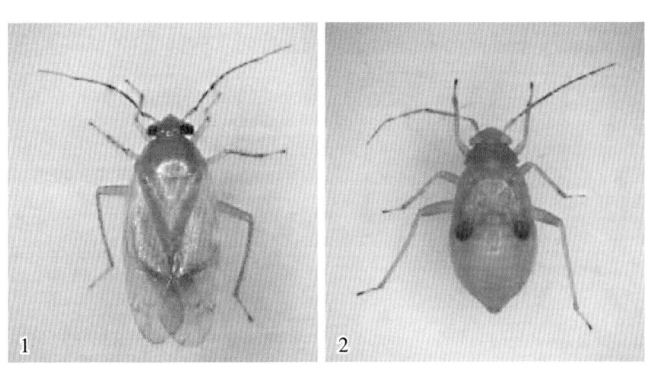

图1-7　绿盲蝽成虫（1）和若虫（2）（陆宴辉提供）

（二）中黑盲蝽

成虫：体长7 mm，宽2.5 mm。体表被褐色绒毛。头小，红褐色，三角形，唇基红褐色。眼长圆形，黑色。触角4节，比体长；第一、二节绿色；第三、四节褐色；第一节长于头部，粗短；第二节最长，长于第三节；第四节最短。前胸背板、颈片浅绿色，胝深绿色，后部绿褐色，弧形；背板中央有黑色圆斑2个；小盾片、前翅爪区内缘与端部、楔片内方、革区与膜区相接处均为黑褐色。停歇时这些部分相连接，在背上形成1条黑色纵带，故名中黑盲蝽。前翅革区前缘黄绿色，楔片黄色，膜区暗褐色。足绿色，散布黑点，后足腿节略膨大；胫节细长，具黑色刺毛，端部黑色；跗节3节，绿色，端节长，黑色。雌性产卵器位于第八、九腹节腹面中央腹沟内，雄虫仅第九节呈瓣状。

若虫：头钝三角形，唇基突出，头顶具浅色叉状纹。复眼椭圆形，赤红色。触角4节，比体长，第一节粗短，第二节最长，第四节短而膨大；基部两节淡褐色，端两节深红色。足红色，腿节及胫节疏生黑色小点，跗节2节，端节黑色。

卵：淡黄色，长1.14 mm，宽0.35 mm，长形，稍弯曲。卵盖长椭圆形，中央向下凹入、平坦，卵盖上有1指状突起（呼吸角）。颈短，微弯曲。

中黑盲蝽成虫和若虫形态见图1-8。

图1-8　中黑盲蝽成虫（1）和若虫（2）（陆宴辉提供）

（三）三点盲蝽

成虫：体长6.5～7 mm，宽2～2.2 mm，体褐色，被细绒毛。头小，三角形，略突出。眼长圆形，深褐色。触角褐色，4节，以第二节为最长，第三节次之，各节端部色较深。喙4节，基两节黄绿色，端节黑色。前胸背板绿色，颈片黄褐色，胝黑色，致使背板前缘显两个黑斑；后缘中线两侧各有黑色横斑1个，有时此两斑合而为一，形成1黑色横带。小盾片黄色，两基角褐色，使黄色部分呈菱形。前翅爪区褐色；革区前缘部分黄褐色，中央部分深褐色；楔片黄色，膜区深褐色。足黄绿色，腿节具有黑色斑点，胫节褐色，具刺。

若虫：全体鲜黄色，体被黑色细绒。头黑褐色，有橙色叉状纹，眼突出于头侧。触角4节，黑褐色；第二节近基部、第三和第四节基部均黄白色。喙与体同色，尖端黑色，末端达腹部第二节。前胸梯形，中、后胸因龄期不同，翅芽有不同程度的发育。背中线浅色，明显。腹部10节，在第三节背中央后缘有小型横缝状臭腺开口。足深黄褐色，腿节稍膨大，近端部处有1浅色横带；前足、中足胫节近基部与中段黄白色，后胫节仅近基部处有黄白色斑，其余为黑褐色。

卵：长1.2～1.4 mm，宽0.33 mm，淡黄色。卵盖椭圆形，暗绿色，中央下陷，卵盖上有1指状突起的呼吸角，周围棕色。

三点盲蝽成虫和若虫形态见图1-9。

图1-9　三点盲蝽成虫（1）和若虫（2）（陆宴辉提供）

（四）苜蓿盲蝽

成虫：体长8～8.5 mm，宽2.5 mm，全体黄褐色，体被细绒毛。头小，三角形，端部略突出。眼黑色，长圆形。触角褐色，比体长，第一节较粗壮，第二节最长，第四节最短，端部两节颜色较深。喙4节，基两节与体同色，第三节带褐色，端部黑褐色，末端达后足腿节端部。前胸背板绿色，略隆起，胝显著，黑色；后缘带褐色，后缘前方有两个明显的黑斑。小盾片三角形，黄色，沿中线两侧各有纵行黑纹1条，基前端并向左右延伸。前翅爪区褐色；革区前缘、后缘黄褐色，中央三角区褐色；楔片黄色；膜区暗褐色，半透明；翅室脉纹深褐色。足基节长，斜生；腿节略膨大，端部约2/3具有黑褐色斑点；胫节具刺；跗节3节，第一节短，第三节最长，黑褐色。

若虫：全体深绿色，遍布黑色刚毛，刚毛着生于黑色毛基片上，故本种若虫特点为绿色而杂有明显黑点。头三角形，眼小，位于头侧。触角4节，褐色，比身体长，第一节粗短，第二节最长，第四节长而膨大。喙有横缝状臭腺开口，周围黑色。足绿色，腿节上杂以黑色斑点，胫节灰绿色，上有黑刺；跗节2节，端节长；爪2个，黑色。

卵：长 1.2 ～ 1.5 mm，宽 0.38 mm，长形，乳白色，颈部略弯曲。卵盖椭圆形，周缘隆起中央凹入，棕色，较厚，且比颈部为宽，在卵盖的一边有1个突起的呼吸角。

苜蓿盲蝽成虫和若虫形态见图1-10。

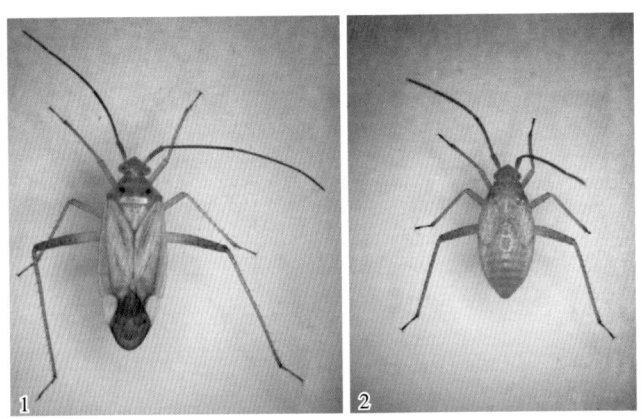

图1-10　苜蓿盲蝽成虫（1）和若虫（2）（陆宴辉提供）

（五）牧草盲蝽

成虫：体长 5.5 ～ 6 mm，宽 2.2 ～ 2.5 mm。体绿色或黄绿色，越冬前后为黄褐色。头宽而短，复眼椭圆形，褐色。触角长约 3.60 mm。前胸背板后缘有2条黑色横纹，胝部后方有2条或4条黑色的纵纹，纵纹的后面即前胸背板的后缘，尚有2条黑色的横纹，这些斑纹个体间变化较大。小盾片黄色，前缘中央有2条黑纹，使盾片黄色部分呈心脏形。前翅具刻点及细绒毛，爪片中央、楔片末端、革片近爪片、翅结、楔片处有黄褐色斑纹，膜区透明，微带灰褐色。足黄褐色，腿节末端有 2 ～ 3 条深褐色环纹，胫节具黑刺，跗节、爪及胫节末端色较浓，爪2个。

若虫：虫体绿色、黄绿色。头部宽短，触角比体短。前胸背板中部两侧和小盾片中部两侧各具1个黑色圆点，腹部背面第三腹节后缘有1个黑色圆形臭腺开口，构成体背5个黑色圆点。

　卵：长约0.90 mm，宽约0.22 mm，苍白色或淡黄色，中部弯曲，端部钝圆。卵盖很短，仅约0.03 mm高，长椭圆形，大小为0.24mm × 0.09 mm，边缘有1向内弯曲的柄状的呼吸角，中央稍下陷。

　牧草盲蝽成虫和若虫形态见图1-11。

　五种盲蝽的形态特征区别见表1-1。

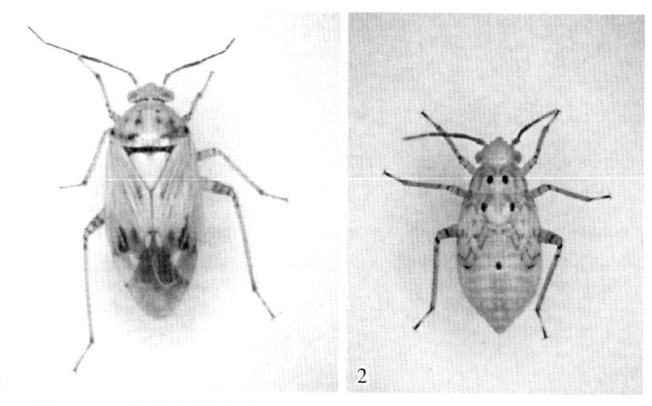

图1-11　牧草盲蝽成虫（1）和若虫（2）（陆宴辉提供）

表1-1　五种盲蝽形态特征

种类		绿盲蝽	中黑盲蝽	三点盲蝽	苜蓿盲蝽	牧草盲蝽
成虫	长×宽(mm)	(5.00~5.50) ×2.50	7.00×2.50	(6.50~7.00) × (2.00~2.20)	(8.00~8.50) ×2.50	(5.50~6.00) × (2.20~2.50)
	体色	绿色	草黄色，被褐色绒毛	褐色，被细绒毛	黄褐色，被细绒毛	绿色或黄绿色，前后为黄褐色
	其他特征	头宽短。眼黑色，位于头两侧。触角比身体短。前胸背板深绿色，前缘显著。颈深黄色，小盾片及前翅革片、爪片均绿色，楔片末端呈褐色。小盾片与楔片相接处略呈黄色，楔片灰褐色，翅膜纹暗褐色，足绿色，爪黑色	头小，红褐色。唇基红褐色，眼基红褐色。前胸背板黑绿色，颈浅褐色。胝深褐色，后缘黄褐色，胝后缘中央有黑色圆弧形。青背板中央有黑色圆斑2个；小盾片、爪片内缘与停端部，楔片内方，革片与膜区相接处均为黑褐色，在膜区暗褐色部分相连接，楔片黄褐色，革片前缘成1条黑色纵带，楔片黄绿色，足绿褐色，膜区暗褐区散布黑点	头小，三角形，略突出。眼黑色，略深。触角褐色，颈深褐色。前胸背板绿色，颈片黄褐色，胝黑色显2黑斑。青背板后缘中线两侧各有黑横斑1个，有时此两斑合而为一形，小盾片黄色，两基角部分呈褐色，革片黄色，两基角褐色，使前翅中央呈深褐色，楔片绿色，足深黄褐色	头小，三角形，长圆形。眼突出。触角黑色，比体长。前胸背板绿色，略显隆起。后胸背板黑斑，前方有2个明显的黄褐色，小盾片三角形，黄色，沿中线两侧各有纵行黑纹1条，后缘黄褐色，中央有纵行黑纹1条，基部端前端各向左右延伸。半翅鞘革片前缘，后缘黄褐色，中央三角褐色，足基节长，斜生	头宽短。复眼呈椭圆形。褐色。触角第四节鲜红色或赤褐皮状刻点，侧背板有橘皮状刻点，小盾背板绿色，后缘有黑纹，小盾中部有4条纵纹，中央呈刻点片黄色，中央呈"形，前翅革片心脏形。前翅翅区及细纹毛，翅膜区透明，微带灰褐色。足黄褐色
卵	长×宽(mm)	1.00×0.26	1.14×0.35	(1.20~1.40) ×0.33	(1.20~1.50) ×0.38	0.90×0.22
	特征	长形，端部钝圆，中部略弯曲，颈部软细。卵盖黄白色，中央高起，后端略前，稍弯曲，微微凹陷	淡黄色，长形，稍弯曲。卵盖长椭圆形，平坦，上有1指状突起。颈短，微曲	淡黄色，卵圆形。卵盖椭圆形，中央下陷，上有1指状突起，周围棕色	长形，乳白色，颈部略弯曲。卵盖椭圆形，顶端钝圆，很厚，且比颈斜，上有一边有1突起。卵产于植物组织中，卵盖隆起在中央凹陷，周缘隆起部的柄状于植物组织外露	苍白色或淡黄色，中部弯曲，端部钝圆，卵盖很短，长椭圆形，边缘有1向内弯曲的柄状物，中央稍下陷

（续）

种类		绿盲蝽	中黑盲蝽	三点盲蝽	苜蓿盲蝽	牧草盲蝽
若虫	一龄	体长1.04 mm，宽0.50 mm。头大。眼小。基突出。触角灰色被细毛，第一、二节较粗短，第三节较细，端末最长且膨大。喙末长达腹部第二节。胸部环节宽度第二节最长，背片骨化背中央最短，周围圆斑。腹背中央有暗绿色，边缘浅绿色。头、胸之长大于腹部	体长1.04 mm，宽0.69 mm，头前端突出。胸部第一节中央走纵走凹沟。第三节末端及胫节上有黑点。全体深红色。眼黑红色，触角褐色，胸部环节第一节较窄，第三节最宽。足红色，腿节末端之	体长1.12 mm，宽0.57 mm。胸部三节宽度相同，前胸长，后胸短。背中线色浅，两侧骨化部分黄褐色，周围橙黄色，胸部之无翅芽。头、腹部长大于胸部	体长1.28 mm，宽突出。头大，黑色，触角浅褐色，胸部前胸最长，背中线的背中端部较深一致。中央明显的背中端，腿节末端部色较深。足灰色，胫节末端有1白环，胫节上有1个较大的橙黄色圆斑	体长0.72～1.20 mm，淡黄绿色。头浅黄色，较大，呈三角形；复眼红色或红褐色，触角第四节鲜红色或赤褐色，较二、三节粗。胸部2对黑色不明显，腹部2对第三节臭腺开口处黑点，紧靠其上有1个较大的橙黄色圆斑。足淡黄褐色
	二龄	体长1.36 mm，宽0.68 mm。眼小，触角灰色，被细毛，细而长而膨大，头部密集。头部前及中胸背骨化部有纵回陷。胸背及中后分深绿色，边缘及中线浅绿色，中后胸和后缘浅绿色，边具极微小的翅芽。头、胸之长小于腹部	体长2.04 mm，宽0.82 mm。全体暗红色被细绒毛，触角第一节窄而长，第二节短，第三节缘回沟，后半段成回沟。胸背红褐色，腹部深红褐色，第三节臭腺红褐色，周围与体同色。足浅红褐色，略有暗点	体长1.87～2.00 mm，宽0.93～1.03 mm。前胸窄，后胸宽。胸部背化颜色加深，背部分消失。中胸后背中央缘回入，中、后胸微显翅芽痕迹	体长1.87 mm，宽0.82mm。头上黑色刚毛显著。复角形，唇基显著。前胸长而窄，后胸宽短；胸部背板中线两侧有方形背化区域，深绿色。边缘浅绿色。从头到中缘回入，中后胸有翅芽痕迹，臭腺开口较明显	体长1.27～1.39 mm。头浅黄色，复眼红褐色，触角第四节淡红色，比第二三节稍粗。翅芽不明显，前中胸2对黑点不明显。和中胸第三节臭囊开口处腹部第三节腺黑点和其上的橙黄色的圆斑均明显

（续）

种类		绿盲蝽	中黑盲蝽	三点盲蝽	苜蓿盲蝽	牧草盲蝽
若虫	三龄	体长1.63 mm，宽0.88 mm。眼红褐色，触角基两节褐色，触角第一节粗短，第四节略膨大。前胸背板梯形，背中线凹陷。翅芽与中胸分界青晰，中胸翅芽盖于后胸翅上，后胸翅芽达于腹部末端中部。腹部第一至二节每节有1排黑色刚毛，第三至十每节有2排黑色刚毛	体长2.89 mm，宽1.47 mm。头红褐色稍浅，体色比前两龄稍浅。眼与头同色，触角红色，第四节略膨大，被细绒毛。胸部第一、二节颜色较深，第三节较浅，前胸前缘及头线为红色，余为绿色。翅芽向后侧突出，中胸翅芽盖于后胸翅上，后胸翅芽达于腹部第一至二节。足第一、二节深褐色，以中部色较浅，被稀疏黑点，胫节上有黑色刚毛	体长2.25 mm，宽1.19 mm。翅芽显著，末端抵达腹部第一节中部。翅芽基部与胸部有明显分界	体长2.98 mm，宽1.17 mm。胸部黑色点突出明显。胸角颜色更深，背中线浅绿色，中、后胸开始露出明显的三角形的翅芽，前胸翅芽达后胸翅芽一腹节部，后胸翅芽达第一腹节中部。足腿节绿色，密布较大黑点，胫节灰绿色，上具微刺	体长1.94～2.11 mm，触角第四节紫红色。翅芽稍突出。体背绿色，但翅芽点上面的黄斑已经出现。腹部黑点点上面的5个黑点，不显著
	四龄	体长2.55 mm，宽1.36 mm。前胸背板梯形，背中线浅绿色，两侧有深绿色，前胸具有深绿方形骨化部分，盾片三角化形。翅芽绿色，末端达腹部第四节。足绿色，胫节绿色	体长3.57 mm，宽1.36 mm。体色比前两龄若虫浅，绿色。触角端节膨大扁平，色较深，第三、四节稀生黑色刚毛。中线两侧有2块椭圆形隆起。翅芽绿色，末端达腹部第三节。臭腺开口口横缝状，周围红褐色，中央红褐色，周围绿色。足通布黑点与黑色刚毛	体长3.40～3.75 mm，宽1.27～1.70 mm。翅芽末端达腹部第三节。小盾片钝三角形	体长3.66～4.07 mm，宽1.49～1.80 mm。头部有浅绿色叉状纹，体表黑点较前更为显著。胸部深绿色，中线浅绿色，翅芽深绿色，基部与胸部有明显分界，翅芽末端达第三腹节，足绿色，翅芽末端达黑色，遍布黑色，附节黑色	体长2.60～3.00 mm，头三角形，翅芽达腹部第二节。绿色

（续）

种类		绿盲蝽	中黑盲蝽	三点盲蝽	苜蓿盲蝽	牧草盲蝽
若虫	五龄	体长3.40 mm，宽1.78 mm。触角红褐色，端部色深。两节牧基节两节细。盾片三角形，边缘深绿色。中胸翅芽深绿色。脉纹区绿色。膜区黑绿色。翅芽达腹部第五节。后胸翅芽浅绿色，覆于前翅之下。足绿色，胫节被黑色微毛，有刺	体长4.46 mm，宽2.06 mm。全体绿色，被细而短的黑色刚毛。眼红色，前胸背板两侧已突起，翅芽达腹部第五节，端部区为膜区颜色。翅芽前区已能分辨，羽化前膜区中央色变深，红褐色。腹背中央有红褐纹区。足被黑点，红褐色。翅芽达腹部第五节，具刚毛列。雌虫第八、九腹节腹面中间有1条缝，称为中缝	体长4.00 mm，宽2.40 mm。眼红褐色。前胸背板上胝区凹陷。翅芽，爪片、革片，羽化前膜区已很深，翅区变黑，翅末端膜区达腹部第五节。足黄褐色，近腹端有1暗黄色黄带。雌虫腹面第八、九腹面有1中缝	体长6.30 mm，宽2.13 mm。头绿色。眼红褐色。触角短，触角第一节绿色，粗短；上第二节黑点及黑色刚毛，端部有褐色，第三、四节绿色，第二节最长，绿色。第三、四节膨大而扁平，前胸背板梯形，中胸小盾片钝三角形，背中线浅绿色。翅芽的爪片，近膜区可分辨，羽化时膜区变为黑色或第五节末端达腹部第五节或第六节	体长3.00～4.10 mm，绿色或黄绿色，被黑色短绒毛。头顶向前突，复眼黄褐色，前胸背板和小盾片有淡灰色斑块；翅芽黄褐色，上有褐色云状花纹，即将羽化时末端变为黑褐色。前胸背板和小盾片的中线两侧各有2个黑点，加上腹部第三节后缘的黑色点。腹部第三节后端有腺囊，腿节有褐色环纹，短而刚；足密生绒毛，胫节有2～3条褐色环纹；胫基部亦有褐色环纹；爪及附节两端黑色

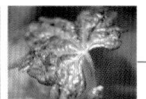

第二章
为 害 状

　　盲蝽成虫和若虫均以刺吸式口器取食寄主植物。在其取食过程中，通过口针的剧烈活动破坏植物组织，同时向植物组织内注入大量的唾液。其唾液中含有的多聚半乳糖醛酸酶等多种酶类物质可将植物（细胞与组织）分解并吸入体内，从而造成植物组织的坏死、刺点（刺斑）。盲蝽偏好取食植物的幼嫩器官，刺点形成后中间部分坏死而停止发育，但周围组织继续快速生长，最终坏死部分被明显拉大，易导致器官畸形。

一、棉花

（一）叶受害

　　棉苗真叶初现时，如生长点基部全部遭受盲蝽为害，受害部分将全部变黑焦枯，不再发出新芽，只留两片肥厚的子叶，称之为"公棉花"或"无头苗"。如真叶幼嫩部分受害，则端部枯死，主茎不能发育，而自基部生出不定芽，形成乱头棉花，称之为"破头疯"。在棉花的整个生育期嫩叶被害后，初呈现小黑点，后随叶片长大，被害状由小孔变成不规则孔洞，称为"破叶疯"（图2-1）。

（二）蕾受害

　　小蕾被盲蝽为害后，被害处即现黑色小斑点，2～3d全蕾变为灰黑色，干枯而脱落。凡盲蝽为害而脱落的幼蕾基部脱落痕很小，向外突出而呈凹凸不平或小瘤状，黑色，而自然脱落的落痕很大，凹陷，色浅。大蕾被盲蝽为害后，除表现黑色小斑点外，苞叶微微向外张开外，一般很少脱落（图2-2）。

（三）花受害

　　花瓣初现时，如花瓣顶部遭盲蝽为害，则呈现黑色斑点，并因细胞受刺

图2-1 棉花叶受害状（陆宴辉提供）
1. 生长点受害 2. 顶叶受害

图2-2 棉花蕾受害状（陆宴辉提供）
1. 受害小蕾 2. 受害大蕾

激发生局部增殖现象，表现卷曲变厚，花瓣不能正常开放。花瓣开放后，如花瓣中部或下部受害，则呈现暗黑色的小黑点片（图2-3），严重时，黑片满布。雌雄蕊受害后，柱头、花药变黑；严重时，全部变黑，只剩花柱。

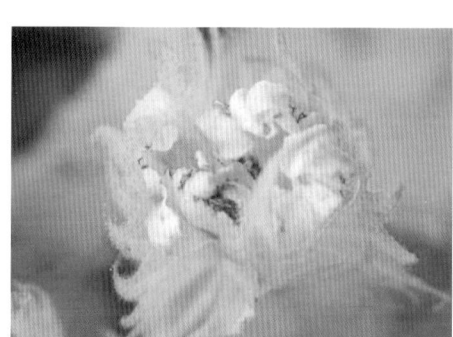

图2-3 棉花花受害状（陆宴辉提供）

（四）铃受害

幼铃受害后，常黑点密集，一般黑点达铃面积1/5时，幼铃即脱落或变黑和僵硬，吐絮不正常；中型铃受害后，受害处周围常有胶状物流出，局部僵硬，很少脱落；大型铃受害后，铃壳上有点片状黑斑，均不脱落（图2-4）。

图2-4　棉花铃受害状（陆宴辉提供）
1.受害幼铃　2.受害小型铃　3.受害中型铃　4.受害大型铃

（五）棉株受害

棉花植株受害，依受害生育期不同，可造成烂叶累累，幼蕾、幼铃脱落，棉株疯长，侧枝丛生，棉铃稀少，形状犹如扫帚菜（地肤），故称之为"扫帚苗"（图2-5）。

图2-5　田间棉花植株受害状（陆宴辉提供）

二、枣

（一）嫩芽受害

受害的嫩芽表现为褶皱、失绿，上面呈现出密密麻麻的小黑点（图2-6），受害严重时不能正常发芽，或推迟发芽，甚至造成枣树枯死。

图2-6　枣嫩芽受害状（门兴元提供）

（二）嫩叶受害

随着枣树的生长，叶片也逐渐长大、展开，受害嫩芽上的小黑点变成不规则的孔洞，连成一片似"破叶疯"，严重时叶片不能正常展开，致使叶组织缩成一团，失绿枯萎，甚至可造成枣树整株当年绝产。

（三）蕾受害

随着枣树的生长，开始生成花蕾，叶片不再细嫩，盲蝽开始转移至花蕾上为害，主要刺吸蕾和蕾柄。受害部位颜色首先变黄，2～3d后呈褐色或黑色，致使蕾停止发育；4～5d后大量蕾从蕾柄脱落，少量蕾枯萎死亡，造成蕾大量减少（图2-7）。

（四）花受害

枣树蕾期过后，花逐渐开放，盲蝽又逐渐转移为害花，主要刺吸花蕊、蜜盘、花瓣，受害部位1～2d便可呈黄色或黄褐色，慢慢枯缩，4d左右花蕊、花瓣和花萼开始脱落，最终只剩花托，大大降低坐果率（图2-8）。

（五）果受害

枣果形成后，盲蝽开始转移为害幼嫩枣果和果柄，受害部位2d左右颜色变黄，3～4d变褐色或黑色，枣果萎缩并开始大量脱落。随着枣果逐渐成熟，受害枣果脱落数量越来越少，但枣果受害状愈加明显，受害部位周围变

图2-7 枣蕾受害状（门兴元提供）
1.刺吸花蕾后形成的小黑点 2.枣吊被害后稀疏的蕾

图2-8 枣花受害状（门兴元提供）

黑，果肉组织僵硬、坏死、畸形，有的向内凹陷，呈"亚腰"形；有的受害后，刺吸点褐色，受害点周边果皮凹陷、绿色，形成"青斑"；有的向外隆起，形成小疱、开裂，直至枣果成熟，形成裂果，此时盲蝽仍可在裂口处刺吸为害，致使裂口变黑、浆烂，甚至全果腐烂，严重影响枣果的产量和质量（图2-9）。

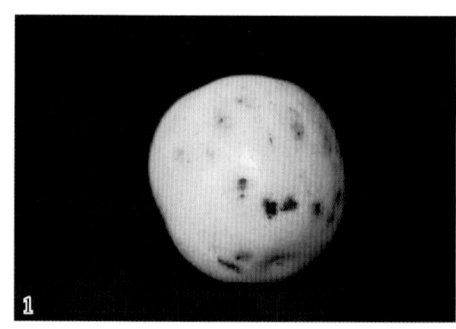

图2-9 枣果实受害状（门兴元提供）
1.受害后的"青斑"状 2.受害后的凹陷坏死状

三、葡萄

葡萄新梢嫩芽被盲蝽刺吸后变干枯。嫩叶受害后出现小黑点，随着叶片的生长，形成不规划的孔洞，叶片萎缩不平，残缺畸形（图2-10）。蕾受害后即停止发育并干枯脱落。幼果受害初期表面呈现不规划的黑点，随着果实的膨大，黑点逐渐变为褐色和黑褐色，形成不规则的疮痂，果实可在疮痂处开裂（图2-11）。

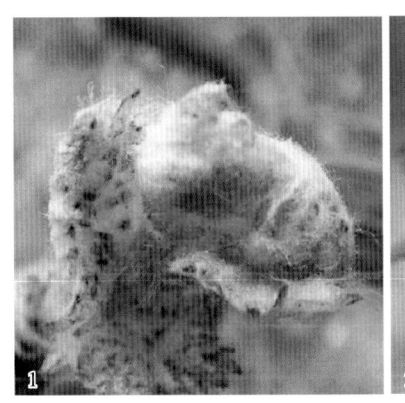

图2-10　葡萄受害状（门兴元提供）
1.受害嫩芽　2.受害嫩叶

图2-11　葡萄受害状（门兴元提供）
1.受害蕾　2.受害幼果

四、樱桃

叶芽受害出现失绿斑点，随着叶片的伸长，受害小点逐渐变成不规则的孔洞（图2-12）。花蕾受害后则停止发育、枯死脱落，严重时花几乎全部脱落。幼果受害后，可出现坏死斑或隆起的小疤，其果肉组织坏死，大部分受害果脱落，不脱落的果实成熟后表面凹凸不平，严重影响果实品质（图2-13）。

图2-12　樱桃受害状（门兴元提供）
1.受害嫩芽　2.受害叶

图2-13　樱桃果实受害状（门兴元提供）

五、桃

桃树新梢幼叶受害后出现针尖大小的黄褐色斑点，随着叶片的伸展，坏死组织脱落形成不规则的圆孔，致使叶片破碎，受害严重的叶片，从叶基至叶中部残缺不全，似咀嚼式口器害虫的为害状，影响幼叶及新梢发育。花萼未脱落前，刺吸果实汁液，严重时还刺吸幼果中部和尖端，随着果实增大，坏死斑面积也逐渐增大，刮去果实上的茸毛，果实表面出现清晰的凹陷坏死斑，并从刺吸处溢出米粒状胶液，影响果实的正常发育（图2-14）。同时，盲蝽也喜好取食成熟的果实，导致果实腐烂（图2-15）。

图2-14 桃受害状（门兴元提供）
1.受害叶 2.受害果

图2-15 桃成熟果实受害状（李国平提供）

六、梨

梨树幼叶受害初期散生褐色小斑点，随着叶片的生长，斑点外缘变为黄褐色，往往数十个被害斑呈片状分布，严重时布满整个叶片。导致叶片形成孔洞，甚至造成幼叶及新梢停止生长。幼果被害后，以刺吸孔为中心形成突起，部分突起爆裂，溢出红褐色汁液，也有的在爆裂深处形成白色粉状物；幼果萼洼受害后，多从未脱落的花萼处溢出红褐色汁液（图2-16），并形成泡沫。生长后期果实畸形，受害处木栓化，果实品质降低。

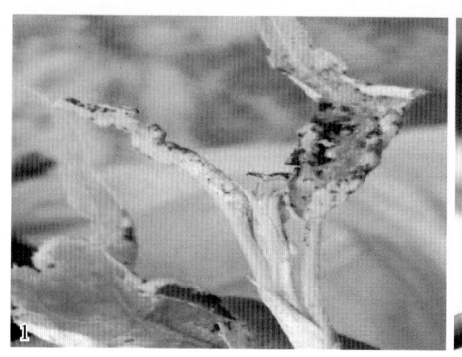

图2-16　梨树受害状（1.门兴元提供；2.张建萍提供）
1.受害叶　2.受害果

七、苹果

苹果幼叶受害初期出现针刺状红褐色小斑点，逐渐褪绿为黄褐色至红褐色的小斑，往往数十个被害斑呈现片状分布，甚至布满叶片（主脉周围较少），部分形成孔洞，影响叶片发育。被害花蕾上出现细小的水珠，随后水珠变为乳白色；被害花瓣上出现针刺状小点，造成开花不整齐，影响坐果。幼果受害后，以刺吸孔为中心，形成褐色斑点并造成果面凹凸不平，果肉木栓化，随着果实的膨大成熟，果面上形成数个锈斑，严重时锈斑连成片状，形成"猴头果"（图2-17）。

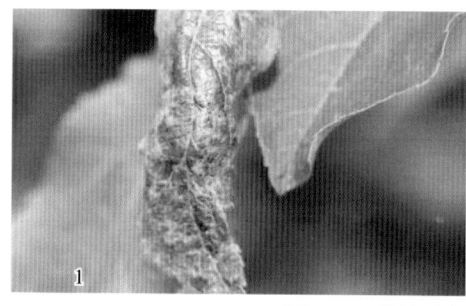

图2-17　苹果受害状（门兴元提供）
1.受害叶　2.受害果

八、茶

茶株嫩芽被刺吸后，受害部位呈红褐色枯死斑点，随着芽叶的伸展，枯死斑逐渐在叶面形成不规则的孔洞，或致叶片边缘破烂，即"破叶疯"。茶园严重受害时，茶叶产量和品质受到严重影响（图2-18）。

图2-18　茶芽受害状（1）和茶园受害状（2）（门兴元提供）

九、苜蓿

苜蓿嫩叶受害后，造成局部组织坏死，随着叶片的生长而出现孔洞，并产生明显皱缩，整个叶片破烂不堪，严重时造成叶片干枯、脱落。花蕾和子房受害，严重时变黄、干枯并脱落，使植株花梗光秃，严重影响苜蓿种子的产量；受害较轻的种荚发育不全，籽粒不饱满，多数畸形（图2-19）。

图2-19　紫花苜蓿受害状（李耀发提供）

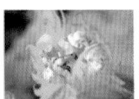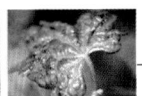

第三章
生物学特性

一、寄主范围

（一）绿盲蝽

已记载的绿盲蝽寄主植物达54科288种，嗜好的大田作物寄主有棉花、绿豆、蚕豆、向日葵、苜蓿等，果树寄主有枣、葡萄、樱桃、苹果、桃、梨、茶、桑等，蔬菜类寄主有胡萝卜、茼蒿、香菜、芹菜等，野生寄主有葎草、益母草、艾蒿、野艾蒿、黄花蒿等。

科　名	种　　　名	种类数
百合科	葱、金针菜、韭菜	3
白花菜科	白花菜、醉蝶花	2
车前科	车前、平车前	2
唇形科	薄荷、黄芩、藿香、荆芥、蓝花鼠尾草、荔枝草、留兰香、罗勒、马约兰花、撒尔维亚、神香草、细叶益母草、夏枯草、夏至草、一串红、益母草	16
大戟科	蓖麻、地锦、乳浆大戟、山麻杆、铁苋菜、银边翠、泽漆	7
豆科	扁豆、白花草木樨、白车轴草、蚕豆、草木樨、赤豆、刺果甘草、刺槐、大巢菜、大豆、甘草、广布野豌豆、含羞草、驴食草、荷包豆、红车轴草、花生、槐树、野苜蓿、豇豆、绛车轴草、决明、苦参、绿豆、长柔毛野豌豆、短豇豆、沙打旺、背扁黄耆、菜豆、四籽野豌豆、田菁、豌豆、望江南、小巢菜、链荚豆、绣球小冠花、窄叶野豌豆、长萼鸡眼草、紫苜蓿、紫穗槐、紫云英	41
椴树科	黄麻	1

（续）

科　名	种　　名	种类数
凤仙花科	凤仙花	1
禾本科	白茅、大麦、稻、苏丹草、高粱、芦苇、千金子、日本看麦娘、小麦、粟、野燕麦、薏苡、玉米、早熟禾	14
胡麻科	芝麻	1
葫芦科	冬瓜、栝楼、黄瓜、苦瓜、南瓜、丝瓜、甜瓜、西瓜、西葫芦	9
花葱科	小天蓝绣球	1
蒺藜科	蒺藜	1
夹竹桃科	长春花	1
锦葵科	扶桑、大麻槿、黄花草、黄秋葵、锦葵、陆地棉、马络葵、木槿、苘麻、蜀葵、野西瓜苗	11
桔梗科	桔梗	1
菊科	阿尔泰狗娃花、艾蒿、白晶菊、百日草、抱茎苦荬菜、波斯菊、苍耳、除虫菊、刺儿菜、大刺儿菜、大蓟、大丽花、飞廉、果香菊、黑心菊、红花、黄花蒿、藿香蓟、芥叶蒲公英、金盏菊、九月菊、菊苣、苣荬菜、孔雀草、苦苣菜、苦荬菜、泥胡菜、牛蒡子、婆婆针、蒲公英、千叶蓍、全叶马兰、山莴苣、石胡荽、茼蒿、万寿菊、莴苣、向日葵、小飞蓬、小鱼眼草、旋覆花、野艾蒿、野塘蒿、一年蓬、猪毛蒿、白蒿、甜叶菊、冷蒿	49
苦木科	臭椿	1
藜科	菠菜、地肤、灰绿藜、碱蓬、藜、市藜、甜菜、小藜、猪毛菜	9
蓼科	萹蓄、大黄、红蓼、荞麦、酸模叶蓼	5
柳叶菜科	待宵草	1
萝藦科	地梢瓜、鹅绒藤、萝藦、夜来香	4
落葵科	木耳菜	1
马鞭草科	马鞭草	1
马齿苋科	马齿苋、大花马齿苋	2
毛茛科	黑种草	1
木樨科	丁香、连翘	2
葡萄科	葡萄、乌蔹莓	2

科名	种名	种类数
漆树科	漆树	1
千屈菜科	紫薇	1
茜草科	红绣球、茜草、猪殃殃	3
蔷薇科	白梨、草莓、朝天委陵菜、李、龙芽草、苹果、楸子、山楂、桃、杏、樱桃、樱桃李、月季	13
茄科	碧冬茄、番茄、枸杞、辣椒、龙葵、马铃薯、曼陀罗、茄子、酸浆、烟草、洋金花	11
伞形科	白芷、防风、胡萝卜、黄柴胡、芹菜、蛇床子、香菜、野胡萝卜	8
桑科	大麻、桑、葎草	3
山茶科	茶	1
商陆科	商陆	1
十字花科	白芥、萝卜、板蓝根、播娘蒿、白菜、独行菜、诸葛菜、风花菜、屈曲花、甘蓝、芥菜、芥蓝、荠菜、沼生蔊菜、油菜	15
石榴科	石榴	1
石竹科	牛繁缕、瞿麦	2
柿科	柿	1
鼠李科	枣	1
薯蓣科	薯蓣	1
天虎掌科	虎掌	1
苋科	千日红、刺苋、反枝苋、鸡冠花、牛膝、尾穗苋、苋菜、籽粒苋	8
玄参科	大婆婆纳、地黄、陌上菜、通泉草	4
旋花科	打碗花、番薯、蕹菜、毛打碗花、牵牛、三色旋花、田旋花、圆叶牵牛	8
亚麻科	亚麻	1
杨柳科	旱柳、红皮柳、杞柳	3
榆科	榆树	1

（续）

科　名	种　名	种类数
芸香科	千里香	1
紫草科	斑种草、聚合草、蓝蓟、狼紫草、玻璃苣、紫草	6
紫茉莉科	紫茉莉	1
酢浆草科	酢浆草	1

（二）中黑盲蝽

中黑盲蝽已记载的寄主植物有50科270种，主要寄主有棉花、小麦、大麦、蚕豆、蓖麻、大豆、向日葵、番薯、油菜、苜蓿、紫云英、草木樨、野胡萝卜、加拿大蓬、艾蒿、女菀、地肤、繁缕等。

科　名	种　名	种类数
百合科	葱、金针菜、韭菜、萱草、知母	5
白花菜科	白花菜、醉蝶花	2
车前科	车前	1
唇形科	薄荷、黄芩、藿香、荆芥、蓝花鼠尾草、留兰香、罗勒、马约兰花、撒尔维亚、神香草、夏枯草、夏至草、一串红、益母草	14
大戟科	蓖麻、铁苋菜、银边翠、泽漆	4
豆科	白扁豆、白花草木樨、白车轴草、扁豆、蚕豆、草木樨、赤豆、刺果甘草、大豆、甘草、广布野豌豆、含羞草、驴食草、荷包豆、红车轴草、花生、野苜蓿、豇豆、绛车轴草、苦参、绿豆、长柔毛野豌豆、短豇豆、南苜蓿、沙打旺、背扁黄耆、菜豆、四籽野豌豆、天蓝苜蓿、田菁、豌豆、望江南、小巢菜、链荚豆、绣球小冠花、野大豆、长萼鸡眼草、紫苜蓿、紫穗槐、紫云英	40
椴树科	黄麻	1
凤仙花科	凤仙花	1
禾本科	大麦、稻、苏丹草、高粱、狗尾草、狗牙根、黑麦草、千金子、小麦、粟、燕麦、野燕麦、薏苡、玉米、早熟禾	15
胡椒科	胡椒	1

（续）

科　名	种　　　名	种类数
胡麻科	芝麻	1
葫芦科	冬瓜、栝楼、黄瓜、苦瓜、南瓜、丝瓜、甜瓜、西瓜、西葫芦	9
花荵科	小天蓝绣球	1
蒺藜科	蒺藜	1
夹竹桃科	长春花	1
锦葵科	海岛棉、洋麻、黄秋葵、锦葵、陆地棉、马络葵、木槿、苘麻、蜀葵、野西瓜苗、黄花草	11
桔梗科	桔梗	1
菊科	阿尔泰狗娃花、艾蒿、白晶菊、百日草、北艾、波斯菊、苍耳、除虫菊、刺儿菜、果香菊、黑心菊、红花、黄花蒿、藿香蓟、芥叶蒲公英、金鸡菊、金盏菊、九月菊、菊蒿、菊花、菊苣、莒荬菜、孔雀草、苦苣菜、苦荬菜、鳢肠、硫华菊、泥胡菜、牛蒡子、女菀、婆婆针、蒲公英、千叶蓍、全叶马兰、青蒿、山莴苣、石胡荽、苘蒿、万寿菊、莴苣、香蒿、向日葵、加拿大蓬、旋覆花、野艾蒿、野塘蒿、一年蓬、茵陈蒿、猪毛蒿、紫菀	50
藜科	菠菜、刺藜、地肤、碱蓬、藜、市藜、甜菜、小藜、猪毛菜	9
蓼科	萹蓄、红蓼、荞麦、酸模叶蓼	4
柳叶菜科	待宵草	1
萝藦科	地梢瓜、夜来香	2
落葵科	木耳菜	1
马鞭草科	马鞭草	1
马齿苋科	马齿苋、大花马齿苋	2
毛茛科	黑种草	1
牻牛儿苗科	野老鹳草	1
木樨科	连翘	1
葡萄科	葡萄、乌蔹莓	2
茜草科	红绣球、茜草	2
蔷薇科	白梨、豆梨、河北梨、褐梨、苹果、楸子、沙梨、桃、西洋梨、杏、樱桃李	11

（续）

科　名	种　名	种类数
茄科	碧冬茄、灯笼草、番茄、枸杞、辣椒、龙葵、马铃薯、曼陀罗、茄子、酸浆、烟草、洋金花	12
伞形科	白芷、防风、胡萝卜、黄柴胡、茴香、芹菜、蛇床子、香菜、野胡萝卜	9
桑科	大麻、葎草	2
十字花科	白芥、萝卜、板蓝根、北美独行菜、播娘蒿、白菜、独行菜、诸葛菜、蜂室花、甘蓝、桂竹糖芥、芥菜、芥蓝、南葧菜、荠菜、芜菁、沼生葧菜、油菜	18
石竹科	繁缕	1
鼠李科	枣	1
薯蓣科	薯蓣	1
天虎掌科	虎掌	1
苋科	千日红、刺苋、反枝苋、鸡冠花、牛膝、青葙、尾穗苋、喜旱莲子草、苋菜、籽粒苋、邹果苋	11
玄参科	通泉草	1
旋花科	打碗花、番薯、蕹菜、牵牛、三色旋花、田旋花	6
鸭跖草科	鸭跖草	1
亚麻科	亚麻	1
杨柳科	红皮柳	1
远志科	远志	1
芸香科	千里香	1
紫草科	聚合草、蓝蓟、玻璃苣	3
紫茉莉科	紫茉莉	1
酢浆草科	酢浆草	1

（三）三点盲蝽

已记载的三点盲蝽寄主植物有32科127种，主要寄主有棉花、蚕豆、枣、葡萄、马铃薯、扁豆、向日葵、芝麻、苜蓿、葎草等。

科　名	种　名	种类数
白花菜科	白花菜	1
车前科	平车前	1
唇形科	薄荷、黄芩、藿香、荆芥、荔枝草、罗勒、撒尔维亚、神香草、细叶益母草、夏至草、一串红、益母草	12
大戟科	蓖麻、铁苋菜	2
豆科	白车轴草、蚕豆、草木樨、大豆、驴食草、荷包豆、红车轴草、花生、槐树、豇豆、绿豆、长柔毛野豌豆、短豇豆、沙打旺、背扁黄耆、菜豆、望江南、绣球小冠花、紫苜蓿、扁豆	20
凤仙花科	凤仙花	1
禾本科	高粱、粟、薏苡、玉米	4
胡麻科	芝麻	1
葫芦科	栝楼、黄瓜、苦瓜、丝瓜	4
锦葵科	洋麻、陆地棉、苘麻	3
菊科	阿尔泰狗娃花、艾蒿、百日草、苍耳、刺儿菜、大刺儿菜、果香菊、红花、黄花蒿、苦苣菜、苦荬菜、硫华菊、牛蒡子、蒲公英、千叶蓍、茼蒿、向日葵、旋覆花、野艾蒿、猪毛蒿	20
苦木科	臭椿	1
藜科	地肤、灰绿藜、藜、小藜、猪毛菜	5
蓼科	大黄、红蓼、荞麦	3
萝藦科	萝藦、夜来香	2
马齿苋科	大花马齿苋	1
木樨科	连翘	1
葡萄科	葡萄	1
茜草科	红绣球、茜草	2
蔷薇科	白梨、苹果、楸子、山楂、桃、杏、樱桃李	7
茄科	碧冬茄、辣椒、龙葵、酸浆、马铃薯	5
伞形科	白芷、胡萝卜、芹菜、香菜、野胡萝卜	5
桑科	大麻、胡桑、葎草	3

（续）

科　名	种　　名	种类数
十字花科	白芥、萝卜、板蓝根、独行菜、屈曲花、芥菜	6
石竹科	瞿麦	1
鼠李科	枣	1
苋科	千日红、反枝苋、鸡冠花、牛膝、尾穗苋、苋菜、籽粒苋	7
玄参科	地黄	1
旋花科	蕹菜、牵牛、田旋花	3
亚麻科	亚麻	1
榆科	榆树	1
紫草科	紫草	1

（四）苜蓿盲蝽

已记载的苜蓿盲蝽寄主植物有47科245种，主要寄主有苜蓿、草木樨、棉花、芝麻、向日葵、马铃薯、扁豆、灰菜、地肤（扫帚苗）、葎草、野胡萝卜等。

科　名	种　　名	种类数
百合科	金针菜	1
白花菜科	白花菜、醉蝶花	2
车前科	车前、平车前	2
唇形科	薄荷、黄芩、藿香、荆芥、蓝花鼠尾草、荔枝草、罗勒、马约兰花、神香草、石荠苎、一串红、益母草	12
大戟科	蓖麻、地锦、猫眼草、叶下珠、银边翠	5
豆科	扁豆、白花草木樨、白车轴草、蚕豆、草木樨、赤豆、大豆、甘草、广布野豌豆、含羞草、驴食草、荷包豆、红车轴草、花生、黄花苜蓿、豇豆、绿豆、长柔毛野豌豆、短豇豆、沙打旺、背扁黄耆、山野豌豆、菜豆、天蓝苜蓿、田菁、豌豆、望江南、小巢菜、绣球小冠花、窄叶野豌豆、长萼鸡眼草、紫苜蓿	32
椴树科	黄麻	1

（续）

科　名	种　名	种类数
凤仙花科	凤仙花	1
禾本科	白茅、稗草、大狗尾草、大画眉草、大麦、苏丹草、高粱、狗尾草、狗牙根、虎尾草、金色狗尾草、马唐、牛筋草、小麦、粟、野芦苇、野燕麦、薏苡、玉米、止血马唐	20
胡麻科	芝麻	1
葫芦科	冬瓜、黄瓜、苦瓜、南瓜、丝瓜、甜瓜、西瓜、西葫芦	8
花葱科	小天蓝绣球	1
蒺藜科	蒺藜	1
夹竹桃科	长春花	1
堇菜科	犁头草	1
锦葵科	洋麻、黄秋葵、锦葵、陆地棉、马络葵、苘麻、蜀葵、野西瓜苗	8
桔梗科	桔梗	1
菊科	艾蒿、白晶菊、百日草、抱茎苦荬菜、波斯菊、刺儿菜、大刺儿菜、大蓟、飞廉、果香菊、黑心菊、红花、黄花蒿、芥叶蒲公英、金鸡菊、金盏菊、菊花、菊苣、苣荬菜、孔雀草、苦苣菜、苦荬菜、鳢肠、硫华菊、泥胡菜、女菀、蒲公英、千叶蓍、山莴苣、天名精、茼蒿、万寿菊、莴苣、向日葵、小飞蓬、续断菊、旋覆花、盐地碱蓬、野艾蒿、野塘蒿、一年蓬、茵陈蒿、猪毛蒿	43
藜科	菠菜、地肤、灰绿藜、碱蓬、藜、甜菜、猪毛菜	7
蓼科	萹蓄、齿果酸模、红蓼、戟叶酸模、两栖蓼、毛蓼、绵毛酸模叶蓼、荞麦、酸模叶蓼	9
柳叶菜科	待宵草、柳叶菜	2
萝藦科	地梢瓜、鹅绒藤、萝藦、夜来香	4
落葵科	木耳菜	1
马齿苋科	马齿苋、大花马齿苋	2
毛茛科	黑种草、茴茴蒜	2
牻牛儿苗科	牻牛儿苗	1
木樨科	连翘	1

（续）

科　名	种　名	种类数
葡萄科	葡萄、乌蔹莓	2
茜草科	茜草	1
蔷薇科	朝天委陵菜、苹果、委陵菜、樱桃李	4
茄科	碧冬茄、番茄、枸杞、辣椒、龙葵、马铃薯、曼陀罗、毛酸浆、青杞、小酸浆、烟草、洋金花	12
伞形科	白芷、葛缕子、胡萝卜、蛇床子、香菜、野胡萝卜	6
桑科	大麻、葎草	2
莎草科	莎草	1
商陆科	商陆	1
十字花科	白芥、萝卜、白菜、独行菜、诸葛菜、屈曲花、甘蓝、桂竹糖芥、芥菜、芥蓝、离蕊芥、播娘蒿、油菜、沼生蔊菜	14
石竹科	瞿麦	1
鼠李科	枣	1
苋科	凹头苋、千日红、北美苋、刺苋、反枝苋、鸡冠花、牛膝、尾穗苋、苋菜、腋花苋、籽粒苋、皱果苋	12
玄参科	地黄、陌上菜	2
旋花科	打碗花、番薯、蕹菜、毛打碗花、牵牛、三色旋花、藤长苗、田旋花、圆叶牵牛	9
鸭跖草科	问荆	1
亚麻科	亚麻	1
芸香科	千里香	1
紫草科	蓝蓟、玻璃苣	2
紫茉莉科	紫茉莉	1
酢浆草科	酢浆草	1

（五）牧草盲蝽

　　牧草盲蝽已记载的寄主植物有21科67种，主要寄主有棉花、小麦、苜蓿、枣、葡萄、苹果、香梨、苦豆子、黄花蒿、冷蒿、骆驼刺等。

科　名	种　名	种类数
车前科	车前	1
豆科	大豆、豌豆、蚕豆、菜豆、豇豆、紫苜蓿、白花草木樨、黄花草木樨、黄花苦豆子、红花苦豆子、百脉根、洋槐、甘草、驴食草、骆驼刺	15
禾本科	小麦、玉米	2
胡麻科	芝麻	1
蒺藜科	蒺藜	1
胡颓子科	沙枣	1
锦葵科	陆地棉	1
菊科	艾蒿、黄花蒿、青蒿、冷蒿、茼蒿、风滚草、向日葵、剪刀股、苍耳、小蓬草、大刺儿菜、红花	12
葡萄科	葡萄	1
藜科	灰绿藜、麻落藜、小藜、滨藜、地肤、菠菜、失叶落藜、碱草、白茎盐生草	9
桑科	大麻	1
鼠李科	枣	1
茜草科	茜草	1
苋科	盐生草	1
蔷薇科	杏、梨、苹果	3
茄科	茄、番茄、马铃薯、烟草、天仙子	5
伞形科	胡萝卜	1
十字花科	白菜、萝卜、独行菜、甘蓝、油菜、遏蓝菜	6
旋花科	田旋花	1
亚麻科	亚麻	1
杨柳科	油柴柳、白柳	2

二、生活习性

（一）活动时间

盲蝽主要于早晨、傍晚和晚上在植株冠层活动。早晨，如有露水，活动将受限制，主要在叶片表面上爬行；露水退去之后，多在植株下部的叶背、花、苞叶等隐蔽处潜藏或爬行（图3-1），温度过高则时常转移至植株下部或飞至农田周围的树林、杂草丛等阴凉处。傍晚，气温降低，盲蝽又逐渐活跃起来，返回农田、植物冠层。如遇阴天，盲蝽则可全天活动。

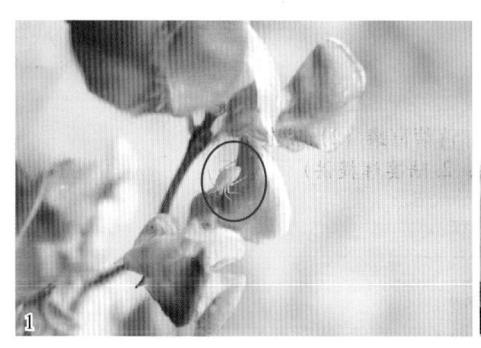

图3-1　隐蔽在植物组织下的绿盲蝽若虫（1.陆宴辉提供；2.门兴元提供）

（二）飞行和扩散性

盲蝽成虫善飞行。5～15日龄个体的飞行能力较强，而刚羽化或高龄个体较弱；10日龄盲蝽成虫24 h的平均飞行距离可达25～45 km。不同盲蝽种类的飞行能力有差异，绿盲蝽的飞行能力最强，中黑盲蝽与三点盲蝽次之，苜蓿盲蝽最弱。温度18～23℃和相对湿度64%～68%最适合盲蝽飞行，而过高或过低的温度、湿度均不利于其飞行。

田间环境条件稳定、食料充足的条件下，盲蝽成虫基本上没有大量主动远距离迁飞的现象；而在寄主植物生育期变化等条件胁迫下，能进行大规模、远距离的转移和扩散。标记回捕试验表明，标记后7d内绿盲蝽和中黑盲蝽成虫的最大扩散距离分别达1 280 m和5 120 m。在渤海湾距海岸40～60 km的北隍城岛上，每年夏季能诱集到大量的绿盲蝽成虫，表明盲蝽成虫具有远距离迁飞能力。

（三）交配和产卵行为

绿盲蝽的交配过程持续时间很短，只有（67.7±27.9）s；部分雌虫在羽化后2～3d就能发生交配行为（图3-2），3日龄雌虫的交配率接近50%，13日龄的雌虫交配率达95%以上；雌虫产卵主要在晚上进行（图3-3），产1粒卵所需时间为（35.2±17.1）s。中黑盲蝽成虫的交配在夜间进行，光照条件下没有交配发生；产卵也主要集中在夜间（22:00至翌日8:00），此时

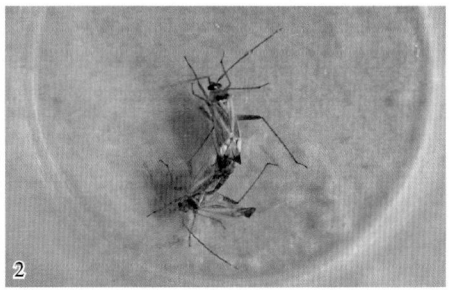

图3-2 中黑盲蝽（1）和苜蓿盲蝽（2）成虫交尾
（1. 马伟华提供；2. 陆宴辉提供）

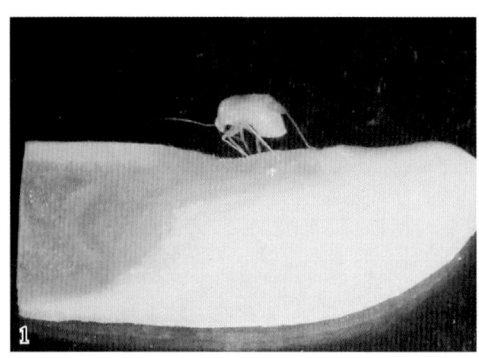

图3-3 绿盲蝽（1）和苜蓿盲蝽（2）成虫产卵器正插入植物组织（陆宴辉提供）

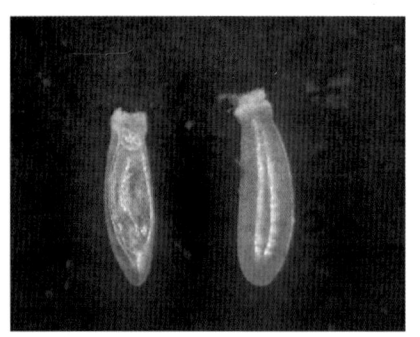

图3-4 绿盲蝽不育卵（左）和可育卵
（右）（陆宴辉提供）

段的产卵量占日产卵量的73%左右。交配的雌性成虫主要产下可育卵，但在产卵后期偶尔有产不育卵的现象（图3-4）。

卵均埋藏在植物组织中，仅以卵盖或卵盖的顶部表面或其上的突起状呼吸角露出。盲蝽雌虫产卵时，可用产卵器直接刺入植物组织后将卵产下；有的先将植物咬一伤口，产卵器由此伤口进入并产卵；有的在其他害虫为害留下的伤口处产卵。产卵的部位多为若虫喜食的寄主植株部位；在不同寄主植物上产卵部位有差异，绿盲蝽在豆科植物的豆荚上，多将卵产在伤口或凹槽内，在棉株上则多产在嫩芽、腋芽、幼蕾和嫩叶柄等细嫩组织中。越冬代的卵多产在越冬组织上，如绿盲蝽主要将卵产在多年生枣枝剪枝处、伤口及一年生枣枝枣股处。卵多散产或呈松散的小群，但在果树断茬髓部发现有集中产卵的现象（图3-5）。

图3-5 绿盲蝽在果树断茬髓部集中产卵（门兴元提供）

（四）食性

盲蝽以植食性为主，主要取食寄主植物的芽、嫩枝、叶片、托叶、叶鞘、叶脉等营养器官，还取食花柄、花芽、花蕾、子房、花药、花粉、幼果和成熟的果实及未成熟的种子等，喜食花粉和花蜜。长期饲养盲蝽的最佳食物为四季豆豆荚和嫩玉米棒（图3-6），饲养成虫时需补充含量为10%的蜂蜜水，而短期饲养可选用苜蓿嫩头、马铃薯嫩芽等食物。

图3-6 利用四季豆豆荚（1）和嫩玉米棒（2）饲养盲蝽（陆宴辉提供）

盲蝽兼具肉食性，可取食大型昆虫的卵和幼虫、小型昆虫的成虫和若虫等，亦可自相残杀取食（图3-7）。如绿盲蝽对棉铃虫卵和初孵幼虫、棉蚜、烟粉虱若虫等具有较强的捕食作用，其捕食量随自身龄期的增长或猎物密度的增加而增加，与只取食植物性食物相比，同时取食植物性食物（四季豆豆荚）和动物性食物（棉铃虫卵、棉蚜或烟粉虱）的绿盲蝽，其种群适合度显著提高，而只取食动物性食物的大多不能完成生活史。中黑盲蝽等其他盲蝽种类的食性与绿盲蝽基本一致。

图3-7　中黑盲蝽捕食蚜虫（1）及种间自残（2）（1.陆宴辉提供；2.封洪强提供）

（五）趋化性

盲蝽具有明显的趋化性，喜欢取食含氮量高的植物嫩绿部位（如生长点、嫩芽、嫩叶和幼蕾等）和花（图3-8）。这一特性决定了盲蝽的寄主转移与取食为害规律，即种群季节性转移主要随农田生态系统中不同寄主植物的开花顺序进行，盲蝽虫口高峰期与植物开花期吻合度高。选择寄主后，主要取食植物的花和绿嫩部位。在生产中，播种早、生长旺盛且现蕾早的棉田，盲蝽常迁入早、为害重。

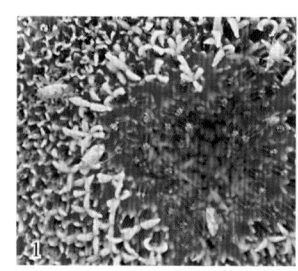

图3-8　开花植物上高密度的绿盲蝽成虫（陆宴辉提供）
1. 向日葵　2. 葎草　3. 野艾蒿

（六）趋光（色）性

盲蝽具有明显的趋光性，不同种类的盲蝽对光谱选择和趋光性有差异。试验表明，黄河流域棉区推荐优先使用佳多生产的20W 16#灯和12#灯，其次是18#灯，不推荐使用黑光灯；长江流域棉区优先使用绿光灯，其次是18#灯、16#灯和12#灯，黑光灯亦可使用（图3-9至图3-11）。色板诱测结果表明，以绿盲蝽为优势种的黄河流域棉区，绿色、黄色和蓝色诱测效果好，青色和白色诱测效果差；以中黑盲蝽为优势种的长江流域棉区，绿色诱测效果最好，其次是白色，青色则较差，蓝色和黄色诱测结果各地差异大。

图3-9 12#灯（任兆国提供）

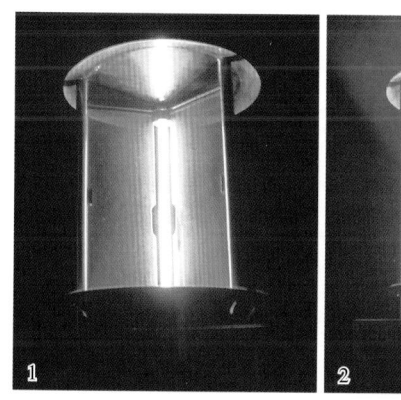

图3-10 16#灯（1）和18#灯（2）（阿不都热依木·依布拉音提供）

图3-11 黑光灯（1）和绿光灯（2）（李宁波提供）

（七）滞育与越冬习性

绿盲蝽、中黑盲蝽、三点盲蝽和苜蓿盲蝽以滞育卵越冬，这是其年生活史中最为关键的阶段；牧草盲蝽以成虫越冬。绿盲蝽和中黑盲蝽的非滞育卵在 26℃ 下产下 6d 后出现红色眼点，而滞育卵不会出现这一特征，据此可区分这两种盲蝽的非滞育卵与滞育卵（图3-12）。光周期是诱导绿盲蝽和中黑盲蝽卵滞育的主要因素，而温度对滞育诱导无明显作用。在若虫期接受短光照处理，才能产生滞育卵；相同的短光照周期诱导不同龄期的若虫所得的卵滞育率不同，随龄期增加，滞育率下降。一龄若虫为诱导盲蝽产生滞育卵的敏感虫期，绿盲蝽和中黑盲蝽的临界光周期分别为 13h16min 和 13h14min。

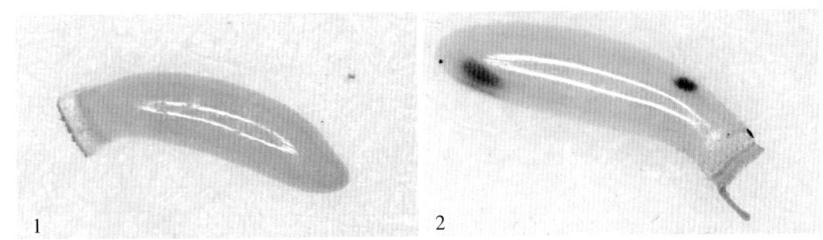

图3-12　绿盲蝽滞育卵（1）和非滞育卵（2）在26℃下产下6d后的形态差别
　　　　（封洪强提供）

光周期和温度对盲蝽越冬卵的滞育解除和滞育后的发育均有影响。在滞育期间，2℃的低温处理能够显著促进绿盲蝽卵滞育解除，提高越冬卵孵化率；越冬卵滞育后期，长光照比短光照更有利于越冬卵的发育，高温能有效缩短绿盲蝽越冬卵的孵化时间。

第四章
发生规律

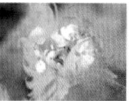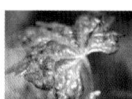

一、年生活史

（一）绿盲蝽

　　绿盲蝽在黄河流域棉区以及长江流域大部棉区1年发生5代，在湖北襄阳、江西南昌可发生6～7代。以卵在以下场所越冬：枣、葡萄、苹果、桃、梨等果树的断茬髓部，苜蓿、棉花及杂草等植物的枯枝断茬，以及土壤表层。早春，越冬卵孵化后，若虫主要在越冬寄主及其周边植物上活动为害，成虫羽化后转移扩散，期间偏好选择处于花期的寄主植物。6～10月，各代盲蝽在棉花、苜蓿及果树和杂草等寄主植物上取食和繁殖。由于成虫寿命与产卵期长（最长可达120d），田间种群世代重叠现象明显。

（二）中黑盲蝽

　　中黑盲蝽在黄河流域棉区1年发生4代，长江流域棉区1年发生4～5代。越冬卵产在杂草及棉花等寄主植物上，部分卵随叶片枯焦脱落一起在棉田土表越冬。越冬卵孵化后，一代若虫在越冬寄主周围的杂草等植物上取食。羽化后的一代成虫迁向正值花期的小麦、蚕豆等冬播作物或农田杂草，二代成虫集中迁入棉田，随后几代主要在棉田及周边杂草上生活。与绿盲蝽一样，中黑盲蝽的趋花习性明显、世代重叠现象严重。

（三）三点盲蝽

　　三点盲蝽在黄河流域棉区1年发生3代，以卵在枣、桃等树皮内滞育越冬。越冬卵5月上旬开始孵化。第一代成虫出现的时间大约在6月下旬到7月上旬，第二代成虫在7月中旬出现，第三代成虫在8月中、下旬出现。不同世代之间常进行寄主转换，趋花现象明显。三点盲蝽成虫寿命和产卵期长，田间世代重叠现象严重。

（四）苜蓿盲蝽

苜蓿盲蝽在黄河流域棉区1年发生4代，西北内陆棉区1年发生3代，以卵在苜蓿、棉花及杂草等植物的茎秆内滞育越冬。越冬卵孵化后，若虫取食幼嫩苜蓿和杂草。成虫羽化后，喜好转移到正处在花期的寄主植物上取食为害。苜蓿盲蝽偏好紫花苜蓿，种群主要集中在苜蓿田，苜蓿刈割时成虫被迫全部外迁，苜蓿长出后又人量回迁，形成了特殊的种群转移与消长规律。成虫寿命长，世代重叠现象严重。

（五）牧草盲蝽

牧草盲蝽在新疆南部1年发生4代，在新疆北部1年发生3代，以成虫在杂草残体和树皮裂缝中越冬。10月开始蛰伏越冬；翌年3～4月越冬成虫出蛰活动。成虫趋花性强，偏好处于花期的棉花、苜蓿及果树、杂草等。成虫寿命长，世代重叠现象严重。

二、影响因素

（一）气候

1. **温度**　绿盲蝽、中黑盲蝽、三点盲蝽、苜蓿盲蝽和牧草盲蝽卵的发育起始温度和有效积温分别为3.21℃和179.27℃、5.60℃和189.86℃、6.26℃和188.81℃、5.58℃和231.66℃、10.68℃和150.20℃；若虫的发育起始温度和有效积温分别为3.66℃和262.44℃、5.03℃和308.83℃、3.04℃和366.73℃、6.23℃和291.64℃、12.08℃和208.33℃。在10～30℃条件下，盲蝽卵和若虫的发育速度随着温度的上升而逐渐加快，35℃时发育速度出现下降趋势。盲蝽卵和若虫的生长发育最适温度为32～34℃，而20～30℃下卵孵化率和若虫存活率较高。10～35℃条件下，盲蝽成虫寿命均随着温度的升高而逐渐缩短，而成虫产卵量在15～30℃下较高（表4-1）。绿盲蝽耐低温和高温能力最强；中黑盲蝽耐低温能力较弱、耐高温能力较强；三点盲蝽和苜蓿盲蝽正好与中黑盲蝽相反，即耐高温能力较弱、耐低温能力较强；牧草盲蝽耐低温和低湿能力较强。

田间，盲蝽的越冬卵于早春开始孵化，如这段时间内气温较高，卵发育整齐且发育速度快，有助于种群快速增长；反之，孵化期推迟、孵化不整齐。如绿盲蝽，越冬卵在均温11℃以上和较高的湿度条件下孵化率高，4月低温则可明显抑制绿盲蝽的发生。夏季持续高温，将导致盲蝽种群数量下降。如陕西关中地区棉花铃期，相对湿度60%～80%的条件下，若温度为25～28℃，盲蝽种群多数上升；而温度为30℃以上时，成虫寿命明显缩短，产卵量和卵孵化率也降低。

表4-1　四种盲蝽成虫在不同温度下的发育历期和产卵量

种类	性别	10℃	15℃	20℃	25℃	30℃	35℃
绿盲蝽	雌（d）	56.9 ± 7.5	47.7 ± 5.4	40.2 ± 4.5	34.1 ± 2.0	25.6 ± 1.6	19.9 ± 1.6
	雄（d）	46.3 ± 4.7	40.7 ± 4.6	34.8 ± 3.6	31.3 ± 3.1	21.9 ± 1.7	18.1 ± 1.7
	产卵量（粒）	28.0 ± 2.5	56.7 ± 7.7	84.4 ± 14.9	81.3 ± 12.7	73.9 ± 11.9	21.9 ± 3.8
中黑盲蝽	雌（d）	61.5 ± 4.0	56.6 ± 3.4	34.9 ± 2.5	24.6 ± 1.7	20.0 ± 1.4	14.9 ± 0.9
	雄（d）	52.6 ± 3.3	50.0 ± 3.6	31.3 ± 3.3	24.6 ± 1.5	23.3 ± 1.4	13.6 ± 0.8
	产卵量（粒）	23.8 ± 1.9	44.8 ± 3.9	70.6 ± 7.4	70.1 ± 6.7	50.7 ± 5.9	32.9 ± 3.4
三点盲蝽	雌（d）	43.5 ± 4.2	38.0 ± 3.6	36.9 ± 3.4	30.8 ± 3.7	30.1 ± 2.5	16.9 ± 1.6
	雄（d）	40.6 ± 4.9	36.2 ± 3.5	30.8 ± 3.8	28.6 ± 2.9	27.5 ± 2.7	17.1 ± 1.9
	产卵量（粒）	17.2 ± 2.2	35.8 ± 3.4	53.0 ± 6.1	65.5 ± 8.8	45.4 ± 3.6	24.7 ± 3.0
苜蓿盲蝽	雌（d）	56.6 ± 4.2	49.7 ± 3.1	26.4 ± 1.7	25.5 ± 1.5	20.2 ± 1.5	15.3 ± 0.9
	雄（d）	47.5 ± 3.1	36.8 ± 3.2	27.4 ± 2.0	21.2 ± 1.5	20.6 ± 1.5	17.0 ± 0.9
	产卵量（粒）	19.6 ± 2.1	67.0 ± 3.5	82.5 ± 8.5	103.3 ± 9.8	93.2 ± 9.3	47.9 ± 3.1

2. 降雨　盲蝽为喜湿害虫，环境湿度对盲蝽种群适合度有着明显影响，其中高湿条件下（如相对湿度70%和80%）能显著提高卵和若虫的存活率、延长成虫寿命、增加成虫产卵量，而低湿条件下（如相对湿度40%和50%），盲蝽的种群适合度明显下降。在多雨高湿条件下，利于卵的孵化、成虫和若虫活动，同时多雨造成寄主植株细嫩部分（如嫩芽、嫩蕾和花）增多，甚至出现疯长现象，为盲蝽的种群发生提供了充足的食物，往往使盲蝽的发生为害加重。早春季节每次小雨后常会出现盲蝽越冬卵的孵化高峰（图4-1），降雨次数多，盲蝽越冬卵大部分正常孵

图4-1　雨后绿盲蝽越冬卵孵化
（门兴元提供）

化，一代若虫发生加重；如无有效降雨，大部分越冬卵不能孵化，一代若虫发生则相对较轻。因此，生产上有"一场雨一场虫"的说法。

在沟灌、漫灌条件下，灌溉对盲蝽种群发生也能产生明显影响。在新疆棉区，灌溉影响棉田湿度，进而可调节盲蝽种群的发生动态；靠近水渠的棉田，因渠内常年流水导致空气相对湿度高而受害重。

（二）寄主组成

盲蝽寄主种类众多，在不同寄主植物上的种群适合度和增长率有明显的差异。如苜蓿盲蝽的总生殖力和净生殖率均以在苜蓿上最高，棉花次之，菜豆第三，芝麻最低。绿盲蝽在绿豆上的种群适合度明显高于棉花，花期寄主上的种群增长率显著高于同时期的非花期寄主，田间表现为不同寄主植物上盲蝽种群密度差异明显。如花期绿豆、蚕豆、蓖麻、凤仙花、野艾蒿、黄花蒿、葎草等植物的绿盲蝽数量明显高于其他植物，紫花苜蓿上苜蓿盲蝽的种群密度常高于邻近的棉花等植物。此外，同一寄主植物不同品种上盲蝽种群的发生也常存在明显差异。

作物栽培方式对盲蝽的发生也有一定的影响。移栽棉比直播棉生育期早，致使前者盲蝽发生早且为害重。棉花与枣等果树、苜蓿等寄主邻作或套作，有利于盲蝽在作物间辗转迁移和取食为害，当前农业生产中复合种植模式下盲蝽严重发生的现象普遍存在。

寄主种类和耕作制度的变更，直接影响区域性盲蝽种群发生与种类组成。在江苏扬州，20世纪70年代以棉茬套种绿肥种植水稻为主，绿肥一般4月下旬犁田上水，田中的中黑盲蝽越冬卵此时正处于孵化期，大部分若虫和卵被淹死，降低了一代虫口基数；80年代以后，棉茬绿肥逐年减少，取而代之的是"三麦"（小麦、大麦、元麦）、蚕豆和油菜，从而为中黑盲蝽越冬卵孵化和若虫存活提供了有利条件，增加了一代的发生基数。在江苏大丰，20世纪70年代由于早春的苕子、黄花菜、大巢菜（箭筈豌豆）和蚕豆的种植面积较大，绿盲蝽比率上升，一代、二代虫量占种群数量的91.7%和78%；80年代以后，绿肥面积逐渐减少，绿盲蝽种群比率逐渐降低；而相应的中黑盲蝽种群比率明显提高。

（三）天敌资源

盲蝽的捕食性天敌有蜘蛛、瓢虫、草蛉、猎蝽、长蝽、螳螂等（图4-2），但由于盲蝽具成虫善飞、若虫活动能力强、卵产在植物组织中等特点，天敌不易发挥有效的捕食作用。

20世纪50年代，记载了绿盲蝽、三点盲蝽和苜蓿盲蝽卵的3种寄生蜂：点脉缨小蜂（*Anagrus* sp.）、盲蝽黑卵蜂（*Telenomus* sp.）和柄缨小蜂（*Pelymema* sp.）。1954年河南安阳调查发现，苜蓿盲蝽第二代卵的寄生率为78.3%，其中点脉缨小蜂占91%，盲蝽黑卵蜂占6%，柄缨小蜂占3%；1955年调查，苜蓿盲蝽第一代卵的寄生率为15.9%。

图4-2 三突花蛛捕食三点盲蝽若虫
（陆宴辉提供）

1954年6～12月，调查了三点盲蝽越冬卵2 182粒，寄生率为27.5%，其中点脉缨小蜂占51.8%，盲蝽黑卵蜂占44.1%，柄缨小蜂占4.1%；1955年收集的三点盲蝽越冬卵寄生率为27%。

2009年以来调查发现，盲蝽有两种若虫寄生蜂，即遗常室茧蜂（*Peristenus relictus*）、红颈常室茧蜂（*Peristenus spretus* ）（图4-3），隶属膜翅目茧蜂科常室茧蜂属。其偏好选择二龄盲蝽若虫作为产卵寄主，之后在盲蝽若虫体内孵化、幼虫完成生长发育、化蛹结茧，到盲蝽发育为四至五龄若虫时出茧，对低龄盲蝽若虫控制作用强（图4-4至图4-6）。2010年以来的田间调查发现，盲蝽若虫平均自然寄生率在0.1%～

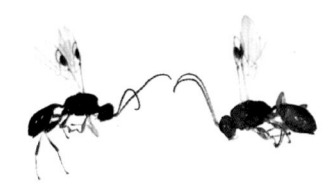

图4-3 遗常室茧蜂（左）和红颈常室茧蜂（右）成虫（罗素萍提供）

1

2

图4-4 红颈常室茧蜂雌雄成虫交配（1）和雌性成虫产卵于绿盲蝽若虫体内（2）（罗素萍提供）

8.8%，葎草等杂草上的若虫寄生率明显高于棉田，这可能与棉田大量使用化学农药有关。

（四）农药

作为主要的人为干扰因子，农药的使用对盲蝽种群的影响巨大。农药的科学使用能有效控制盲蝽种群发生，连续不当的使用将诱导盲蝽抗药性的产生和种群再猖獗。反之，农田化学农药的减少使用能导致盲蝽种群暴发成灾。例如，转*Bt*基因抗虫棉商业化种植之后，棉田化学农药使用量明显降低，导致棉田盲蝽种群剧增，盲蝽由次要害虫上升为主要害虫，并随着季节性寄主转移扩散至其他寄主作物，导致多种作物严重受害。

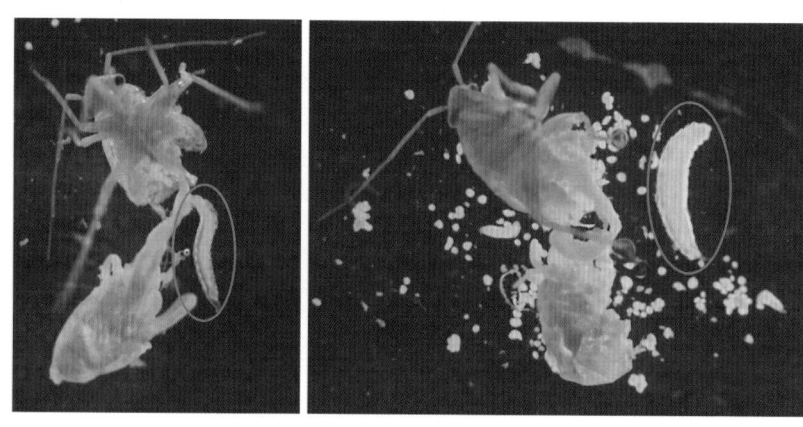

图4-5　寄生在绿盲蝽体内的红颈常室茧蜂幼虫（*罗素萍提供*）

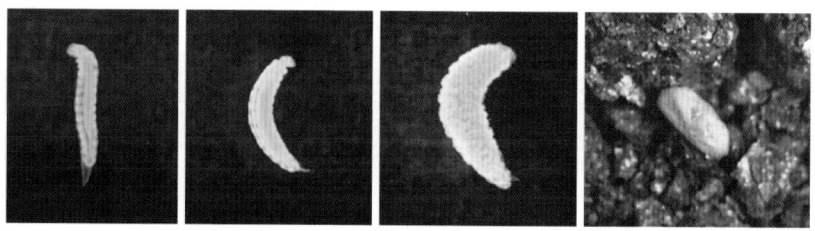

图4-6　红颈常室茧蜂一至三龄幼虫及蛹（从左至右）（*罗素萍提供*）

第五章
预测预报技术

一、调查取样技术

盲蝽的预测预报调查包括发生期和发生量的调查，以期掌握田间害虫在作物间的发生动态、虫态和虫口密度，及时做出预报，指导科学防治。其中包括卵、若虫和成虫各虫态发生数量、成虫种群动态和植株被害情况调查等内容。

（一）卵量调查

绿盲蝽、中黑盲蝽、三点盲蝽和苜蓿盲蝽均是以卵越冬，越冬卵和二代卵的调查对盲蝽早春虫源和棉田二代发生预测至关重要；而其他代次由于世代重叠现象严重，卵量调查对其种群发生趋势预测的作用不大。但在盲蝽生活习性与发生规律研究中仍经常开展卵量调查。盲蝽卵小，产卵部位隐蔽，观察难度大。在卵集中分布或进行活体植株上卵分布状态研究时，可以进行直接调查计数；在其他情况下，一般通过调查低龄若虫来间接评估其卵量。

1. 剥查法　盲蝽越冬卵在果树上分布相对集中，主要产卵部位在冬枣上是修剪残桩，在葡萄上是鳞芽。调查于卵越冬期（11月至翌年3月）进行，从果园中随机选取一定数量的修剪残桩或鳞芽，带回室内用昆虫针剥查、计数。根据每个修剪残桩或鳞芽上盲蝽平均卵量以及每棵果树上修剪残桩或鳞芽量、单位土地面积上果树棵数，可以推算单位面积上盲蝽越冬卵的基数。盲蝽卵以滞育方式越冬，区分滞育卵和非滞育卵的主要方法是：将田间越冬卵带回室内，放置在温度为26℃、湿度为80%、光照L：D为16h：8h的环境下，处理6d后有红色眼点出现的为非滞育卵，无红色眼点出现的为滞育卵。

在江苏南通等局部地区，胡萝卜是二代绿盲蝽的主要产卵寄主，卵集中产在其花盘上。将花盘从田间取回，在室内通过剥查可以直接计数每个花盘上的卵量。

2. 显微法　除了上述两种特殊情况外，盲蝽卵多为散产。整个卵产在植物组织之中，仅留卵盖在植物表面，卵盖厚不足 1mm，颜色较浅，肉眼无法直接观察。如需调查一个植株上的盲蝽产卵情况，只能将该植株分解后在体式显微镜下逐部分检查，观察难度高且工作量大，但计数准确率低。

为了解决盲蝽卵调查的难题，可采用染色计数法。将染色剂曙红 Y 用75%酒精配制成浓度为1%的溶液，配制好的溶液可在4℃下保存备用；取1%曙红溶液25ml加入烧杯中，从田间取回活体植物并将枝叶等不同组织进行分解，逐一将植物组织浸入溶液，2 min 后将植物组织取出，流水冲洗，再用吸水纸吸干表面水滴。产在植物组织中的盲蝽卵的卵盖部分将被染成红色，与植物组织的颜色形成明显反差（图5-1）。将被染色的植物组织放在体式显微镜或手持放大镜下，易于观察与计数。这种方法使活体植物上盲蝽卵的精确计数成为可能，但工作量仍然很大，不适用于田间大规模的卵量调查。

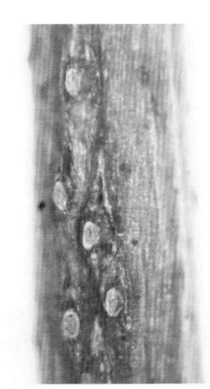

图5-1　棉花叶脉和叶柄上曙红染色后的盲蝽卵（陆宴辉提供）

3. 间接估量法

在盲蝽卵越冬期，作物、杂草等枯死寄主植物与盲蝽的卵盖颜色相近，在体式显微镜下难以区分；同时，枯死植物与盲蝽卵盖一样容易被曙红溶液染色，因此染色计数法也没有作用。鉴于盲蝽越冬卵调查的重要性以及上述技术问题，可采用间接评估方法，即笼罩模拟法。每年3月，将前茬作物并非盲蝽主要寄主（如玉米）的田块进行深翻细耕，清除土壤中可能存在的盲蝽越冬卵，再种上盲蝽喜食寄主蚕豆。蚕豆出苗后，罩上孔径0.42mm（40目）的防虫网罩笼（具体尺寸可以根据试验需要设计）。罩上后，人工清除罩笼内所有节肢动物，特别是蜘蛛等捕食性天敌。随后，从田间收集各种盲蝽寄主植物的枯死植株，将占地 1m² 的一种寄主的枯死植株放入一个罩笼中（图5-2），各种寄主植物的枯死植株逐一分开放置。4月中、

图5-2 间接评估盲蝽越冬寄主所设置的罩笼（陆宴辉提供）

下旬，枯死植株上的盲蝽越冬卵开始孵化，初孵若虫即可在罩笼内种植的蚕豆上取食、存活，再利用盆拍法进行若虫数量调查。

（二）若虫数量调查

盲蝽若虫个体小、活动性强，常隐蔽于植株叶背、花朵等部位，不易调查。在调查若虫数量时，为了掌握发育进度和满足预测预报及防治的需要，需在系统调查时分龄期进行记载。

1. **目测法** 对于棉花、果树等疏植作物，调查时一般采用对角线5点取样。棉花等大田作物，每点调查 10 株，每个小区或田块共计调查 50 株；枣、葡萄等果树，每点调查 30 cm 长的 20 个果枝。调查过程中，通过快速目测直接计数植物上盲蝽若虫的数量。

2. **盆拍法** 对于杂草以及紫花苜蓿等密植植物，目测法难以奏效，可以用盆拍法。采用5点随机取样，每点拍10盆。将30cm×40cm的白瓷盆置于植株下部，用力拍打植株中上部使盲蝽落入盆内，对盆内的若虫快速计数。每次调查时，同时记录被调查植株的占地面积，以此推算盲蝽种群密度。在一些研究中，为了进行不同寄主间盲蝽种群密度的比较分析，对棉花等所有寄主植物均采用盆拍法调查。

（三）成虫调查

成虫飞行扩散能力强，中午高温时常转移至植株下部或农田周围树林等阴凉地方。因此，晴天田间成虫调查应在早晨或傍晚进行，特别是早晨露水未干且温度相对偏低时，成虫飞行能力弱，调查计数更加准确；阴天可以全天进行调查。

1. **目测法与盆拍法** 取样方法与调查程序与若虫相同。由于盲蝽成虫、

若虫均可为害寄主植物，而且田间常有各虫态同时发生，因此可若虫、成虫数量调查同时进行。

2. **扫网法**　在棉花、杂草等寄主上，成虫分布于叶背或内层，且寄主植株较为柔软，可用扫网法调查。将直径 38 cm、杆长 1 m 的捕虫网网口置于植株叶层中部，网口向前作 S 形前进式扫网，每次连续扫 50 网，记录捕虫网内盲蝽成虫的数量。

3. **灯光诱集法**　实验证明，不同种类的盲蝽有特定的诱测光谱，即特异的趋光性。在常年适于盲蝽成虫发生的场所，设置 1 台 20 W 诱虫灯，根据盲蝽种类选择光源灯具，其四周没有高大建筑物和树木遮挡，灯管下端与地表面垂直距离为 1.5m（图 5-3）。每天早上，调查前一天晚上诱集的盲蝽成虫种类和数量。

4. **色板诱集法**　每块田均匀设置色板 3～5 块（规格为 24 cm × 40 cm），设置时色板与地面垂直，色板下缘高于棉花植株顶部 15 cm（图 5-4）。色板设置后每天调查一次，记录每块色板上诱捕到的盲蝽种类及相应的数量。不同盲蝽种类对颜色的趋性不同，绿盲蝽和中黑盲蝽可选择其偏好的绿色色板诱测。

图 5-3　田间诱虫灯的设置（夏风提供）

图 5-4　田间色板的设置（刘青提供）

5. **性诱剂诱集法**　目前已研究出对绿盲蝽、中黑盲蝽、三点盲蝽、苜蓿盲蝽和牧草盲蝽诱测效果较好的性诱组分。每块田均匀放置桶形诱捕器 3～5 个（兼顾地边和田块中间），内置含性诱剂成分的黑色塑料小瓶，4 周更换 1 次；作物田和杂草地诱捕器挂置高度为诱捕器底部距植株顶部 15cm（图 5-5），果园中挂置在果树中部枝条上，此方法目前可以监测绿盲蝽雄性成虫的种群数量变化趋势。

（四）植株受害调查

盲蝽成虫、若虫活动性与隐蔽性强，田间调查时常出现为害状明显而查不到虫的现象。因此，在生产中可以通过调查植株的新被害情况间接评估成虫、若虫的发生。

图5-5　田间性诱捕器的设置
（华容县提供）

盲蝽能取食各种幼嫩的营养器官和繁殖器官，包括叶、蕾、花、果实（棉铃）等，为害后形成"破叶疯"、黑色刺点等典型症状，因此可根据为害状间接估测其种群数量。调查时，采用对角线5点取样法。棉田每点查10株，共计50株，检查棉株嫩头（顶部5叶）、花蕾、幼铃的被害情况；果园每点查20个30 cm长的枝条，同样检查不同组织器官的被害情况。

蕾、花、果实受害后，常出现脱落现象，这将影响被害率的准确评估。因此，最好选用叶片作为为害程度的评价指标。在此基础上，定义了"叶片新被害率"作为反映其为害动态的指标，该指标已纳入盲蝽的发生程度分级和防治指标进行使用。

二、测报技术规范

（一）棉花

在长江流域棉区主要发生中黑盲蝽和绿盲蝽；黄河流域棉区主要发生绿盲蝽、中黑盲蝽、苜蓿盲蝽和三点盲蝽；西北内陆棉区主要发生牧草盲蝽、苜蓿盲蝽和绿盲蝽。

以棉花主要生育期新被害株率或平均百株虫量（包括成虫和若虫）确定发生程度，分为5级，即轻发生（1级），偏轻发生（2级），中等发生（3级），偏重发生（4级），大发生（5级），各级指标见表5-1。

表5-1　棉田盲蝽发生程度分级指标

级别	二代		三代	四代
	平均新被害株率（%）	平均百株虫量（头）*	平均百株虫量（头）	平均百株虫量（头）
1	0.5 ~ 3.0	0.5 ~ 3.0	0.5 ~ 5.0	0.5 ~ 10.0
2	3.1 ~ 4.0	3.1 ~ 5.0	5.1 ~ 10.0	10.1 ~ 20.0

（续）

级别	二代		二代	四代
	平均新被害株率（%）	平均百株虫量（头）*	平均百株虫量（头）	平均百株虫量（头）
3	4.1 ~ 5.0	5.1 ~ 8.0	10.1 ~ 15.0	20.1 ~ 30.0
4	5.1 ~ 10.0	8.1 ~ 10.0	15.1 ~ 20.0	30.1 ~ 40.0
5	>10	>10	>20	>40

注：用于黄河流域棉区和长江流域棉区。

1. 成虫诱测

（1）设置地点。在常年适宜成虫发生的棉田（有条件的可在果园和苜蓿田），面积不小于1 000 m²，设置灯诱、性诱或色诱，各地可依当地条件选择1 ~ 2种方法，每年固定进行诱测。

（2）诱测方法

灯诱法：田间设置1台20W灯具。要求其四周100 m范围内无高大建筑物和树木遮挡。灯管下端与地表垂直距离为1.5 m，需每年更换一次新灯管。各棉区依据当地优势盲蝽种类确定一种波长灯管（诱测盲蝽灯具的波长见附录A表A.1）。诱测时间自5月1日起至9月30日止，每日调查灯下成虫发生数量，分别记载盲蝽种类。结果记入盲蝽成虫灯诱记载表（见附录B表B.1.1）。

性诱法：各棉区依据当地优势盲蝽种类确定性诱剂种类（不同种类盲蝽性诱剂成分配比和含量见附录A表A.2）。选用桶形诱捕器，内部悬挂含有性诱剂的黑色塑料小瓶（诱芯），1个月更换一次。每块田放诱捕器3 ~ 5个，沿植株行放置，每个相距50 m，兼顾田边（与田边距离不少于5 m）和田块中间。放置高度：棉花苗期和蕾期应距地面1m，花铃期应高出棉花冠层15cm。诱测时间为自5月1日起至9月30日止，每日调查诱捕器中成虫发生数量，分别记载盲蝽种类。结果记入盲蝽成虫性诱记载表（见附录B表B.1.2）。

色诱法：绿盲蝽和中黑盲蝽可选择其偏好的绿色色板诱测，亦可用黄色、蓝色、白色和青色。每块田设置3 ~ 5块（规格为24cm×40cm），注意兼顾田边和田块中间；挂置时色板与地面垂直，色板下缘高于棉花植株顶部15cm。此法用于早春虫源迁入棉田时的诱测。诱测时间为5月下旬（棉花定苗）始至6月中、下旬结束（盲蝽迁入棉田高峰期）。每3d调查一次，记录每块色板上诱捕到的盲蝽种类及对应的数量，每次调查后清除昆虫和其他杂质或更换色板。结果记入盲蝽成虫色诱记载表（见附录B表B.1.3）。

2. 春季棉田外系统调查

（1）调查时间。长江和黄河流域棉区，调查时间一般在4月中旬至6月中旬，即越冬卵孵化始期开始，至二代成虫高峰期结束；每5d调查一次。西北内陆棉区，一般在4月上旬至5月中旬调查，即牧草盲蝽越冬成虫始见、苜蓿盲蝽和绿盲蝽越冬卵孵化始期开始，至一代成虫高峰期结束；每5d调查一次。

晴天可选择10时前或16时后调查，阴天可全天调查，尽量避开大风天气。

（2）调查地点。黄河流域和新疆棉区的果棉混合区，调查棉田附近的果园和杂草寄主；黄河流域和新疆棉区牧棉混作区，调查棉田附近的苜蓿和杂草；黄河流域和新疆棉区粮棉混作区，调查上茬棉田附近的杂草；长江流域棉区调查蚕豆、蔬菜、小麦和杂草。每种寄主固定2块田（或果园）。

（3）调查方法

目测法：适于果园调查。调查时一般采用单对角线五点取样。枣、葡萄、苹果、桃、梨、樱桃等果树，每点调查2株，每株选取5个嫩芽或新梢，快速目测盲蝽若虫龄期、若虫和成虫种类及数量，折百芽或百梢虫量，计算各虫态虫量所占比例。

拍打法：适于杂草、蚕豆、蔬菜、小麦和苜蓿等密植植物田调查。采用五点取样，每点拍10盆。将30 cm×40 cm的白瓷盆置于地面，用力拍打植株中上部使盲蝽落入白瓷盆内，对盆内的若虫和成虫进行快速分类、计数和分龄记载，折百盆虫量，计算各虫态虫量所占比例。

扫网法：适于杂草、蚕豆、蔬菜、小麦和苜蓿等植株较为柔软寄主的调查。用捕虫网（直径33 cm，网口至网底长80 cm，杆长1 m）的网口置于植株叶层中部，网口向前作S形前行扫网，扫2次，每次连续扫50网，记录捕虫网内盲蝽若虫和成虫的种类、龄期和数量，折百网虫量。

各地可选择1～2种适于当地寄主类型的调查方法，每年固定使用所选择的方法进行调查。调查结果记入春季棉田外盲蝽基数调查记载表（见附录B表B.2）。

3. 棉田系统调查

（1）调查时间。自棉花定苗起至吐絮，长江流域棉区一般为4月下旬至

9月上旬，黄河流域棉区为5月上旬至9月上旬，新疆棉区为5月中旬至9月中旬。每5d调查一次。

晴天可选择10时前或16时后调查，阴天可全天调查，尽量避开大风天气。

（2）调查地点。选择常年发生重、接近虫源地的棉田，主栽品种一、二、三类长势棉田各一块。

（3）调查种类和方法

目测剥查法：每块田单对角线5点取样，二代每块田每点查10株，共计50株；三至五代每点查5株，共计25株。当虫量较少时，应增加调查点数或调查株数。目测和剥查棉株嫩头（顶部5叶）、幼蕾、幼铃中的若虫和成虫数量，同时检查棉株嫩头被害情况，计算新被害株率；统计百株虫数及各虫态虫量所占比率。结果记入棉田盲蝽系统调查记载表（见附录B表B.3）。

4. 大田普查

（1）普查时间和田块。根据系统调查情况，在当地主要优势种各代处于三、四龄若虫高峰期进行普查。

每次普查不少于10块田，其中二代和末代兼顾棉田内外。

（2）虫量普查方法。棉田每块田随机取2点，每点取2株，目测和剥查植株嫩头（顶部5叶）、幼蕾、幼铃中的若虫和成虫数量，计算百株虫量。

其他寄主作物田，每块田随机取2点，果树每点调查1株，每株选取5个嫩芽或新梢；苜蓿每点拍5盆，计算平均百株虫量或百盆虫量。调查结果记入盲蝽大田普查记载表（见附录B表B.4）。

（3）棉花受害情况普查。在虫量普查的同时调查棉花受害情况。二、三代调查棉花新被害株率，目测各点新被害株数，计算新被害株率；三、四代调查蕾、铃被害情况，目测棉蕾和小铃数，检查被害棉蕾和小铃数，分别计算棉蕾被害率和小铃被害率。结果记入棉花受害情况普查表（见附录B表B.5）。

依普查结果估算和确定当地棉花等寄主作物田盲蝽发生面积、防治面积和发生程度，发生面积占种植面积的比例，结果记入主要寄主作物盲蝽发生防治面积普查表（见附录B表B.6）。

5. 预测方法

（1）发生期预测

历期预测法：通过对田间不同世代、不同虫龄发生量的系统调查，确定其发生百分率达始盛期（16%）、高峰期（50%）和盛末期（84%）的时间，在此基础上分别加上当时气温下各虫态的平均历期(见附录 D 盲蝽发育历期)，推算出以后 1 个或几个虫态、虫龄的相应发生日期。如根据上一代四龄以上若虫占约50%的日期，预测下一代三龄若虫高峰期，其预测值为：

$$D_3 = D_4 + \frac{1}{2}T_4 + T_5 + T_p + T_e + T_1 + T_2 + \frac{1}{2}T_3$$

式中，D_3 为下一代三龄若虫高峰期，D_4 为上一代四龄若虫高峰期，T_4、T_5、T_p、T_e、T_1、T_2 和 T_3 分别为四龄若虫历期、五龄若虫历期、成虫产卵前期、卵期、一龄若虫历期、二龄若虫历期和三龄若虫历期。

期距预测法：期距预测法是根据当地积累的多年历史资料，总结出当地某种盲蝽两个世代之间或同一世代各虫态之间间隔期的经验值，即期距的平均值和标准差，再将田间害虫发育进度调查结果，加上一个虫态期距或世代期距，推算出下一个虫态或下一个世代发生期。如根据二代二、三龄若虫高峰期的日期，预测三代二、三龄若虫高峰期，其预测式为：

$$D_n = D_{2、3} + d_{2、3} \pm S_d$$

式中，D_n 为三代二、三龄若虫高峰期，$D_{2、3}$ 为二代二、三龄若虫高峰期，$d_{2、3}$ 为二代二、三龄若虫高峰期至三代二、三龄若虫高峰期的期距，S_d 为标准差。

(2) 发生量和发生程度预测

有效虫口基数预测法：根据当地田间调查的正常生长发育的盲蝽数量(即基数)，以及多年调查统计结果得出的该种害虫的繁殖系数(见附录 E 盲蝽成虫产卵量)，预测该害虫下一代的发生数量。亦可通过对当代棉盲蝽的发生数量，结合历史资料和发生程度分级指标来预测下一代发生程度。

综合分析预测法：根据残留虫量和各寄主作物面积比例，结合气象、天敌和棉花种植等因素，参照历史资料，综合分析做出发生量和发生程度预测。

6. 数据汇总和汇报

(1) 数据汇总。在各项调查结束时，填写"棉田盲蝽调查资料表册"(见附录 B)，用于各地留档保存测报资料。

(2) 数据汇报。植保推广体系内按规定格式、时间和内容汇报的格式填报"棉田盲蝽测报模式报表"(见附录 C)，并采用专用传输系统及时上报。

附录A　成虫诱测工具种类
（规范性附录）

表A.1　诱测盲蝽灯具的波长

种　类	波长（nm）
绿盲蝽	465nm（蓝光）、620nm（粉光）、456nm（淡粉光）
中黑盲蝽	540nm（绿光）、456nm（淡粉光）、620nm（粉光）、465nm（蓝光）、365nm（黑光）
苜蓿盲蝽	418nm（蓝紫光）、465nm（蓝光）、620nm（粉光）
三点盲蝽	465nm（蓝光）、620nm（粉光）
牧草盲蝽	418nm（蓝紫光）、465nm（蓝光）、620nm（粉光）、365nm（黑光）

表A.2　不同种类盲蝽性诱剂主要成分配比和含量

种　类	主要成分	配比	诱芯有效成分含量
绿盲蝽	4-氧代-反-2-己烯醛，丁酸-反-2-己烯酯	3：2	
中黑盲蝽	4-氧代-反-2-己烯醛，丁酸己酯	1：10	
苜蓿盲蝽	4-氧代-反-2-己烯醛，丁酸-反-2-己烯酯，丁酸己酯	1：2：0.02	20 μg/个
三点盲蝽	4-氧代-反-2-己烯醛，丁酸己酯	1：11	
牧草盲蝽	4-氧代-反-2-己烯醛，丁酸-反-2-己烯酯，丁酸己酯	2：3：1.2	

附录B　棉田盲蝽调查资料表册
（规范性附录）

表B.1　盲蝽成虫诱测记载表
表B.1.1　盲蝽成虫灯诱记载表

灯具光源类型或型号：

日期（月／日）	＿＿＿盲蝽	＿＿＿盲蝽	＿＿＿盲蝽	合计	累计	备注
	（头/灯）					

（续）

日期 （月／日）	＿＿＿盲蝽	＿＿＿盲蝽	＿＿＿盲蝽	合计	累计	备注
			（头/灯）			

表B.1.2　盲蝽成虫性诱记载表

性诱盲蝽种类：

日期 （月／日）	地点	诱捕器数量（个）	总诱虫量（头）	平均单个诱捕器诱虫量（头）	备注

表B.1.3　盲蝽成虫色诱记载表

色板颜色：

日期 （月／日）	地点	色板数量（个）	总诱虫量（头）				平均单板诱虫量（头）				备注
			＿盲蝽	＿盲蝽	＿盲蝽	合计	＿盲蝽	＿盲蝽	＿盲蝽	合计	

表B.2 春季棉田外盲蝽基数调查记载表

日期（月/日）	地点	寄主作物	调查方法	调查单位（株、芽或梢、盆、网）	调查总虫量（头）			各盲蝽比例（%）			平均单位虫量（头/百株、芽或梢、百盆、百网）			各虫态虫量占盲蝽总虫量百分率（%）					
					一盲蝽	二盲蝽	合计	一盲蝽	二盲蝽	合计	一盲蝽	二盲蝽	合计	一龄	二龄	三龄	四龄	五龄	成虫

表B.3 棉田盲蝽系统调查记载表

日期（月/日）	地点	类型	生育期	调查代次	调查株数	新被害株数	新被害株率（%）	调查总虫量（头）			各种盲蝽比例（%）			平均百株虫量（头）			各虫态虫量百分率（%）					
								一盲蝽	二盲蝽	合计	一盲蝽	二盲蝽	合计	一盲蝽	二盲蝽	合计	一龄	二龄	三龄	四龄	五龄	成虫

表B.4　盲蝽大田普查记载表

日期（月/日）	地点	生育期	代别	调查田块数（块）	有虫田块数（块）	虫田率（%）	棉田				作物田	
							调查株数（株）	调查虫量（头）	平均百株虫量（头）	调查面积（芽或稍.盆）	调查虫量（头）	平均单位面积虫量（头/百芽或稍.盆）

表B.5　棉花受害情况普查表

日期（月/日）	地点	生育期	代别	棉田类型	嫩头			棉蕾			小铃		
					调查株数（株）	新被害株数（株）	新被害株率（%）	调查蕾数（个）	被害蕾数（个）	蕾被害率（%）	调查小铃数（个）	被害小铃数（个）	小铃被害率（%）

表B.6　主要寄主作物盲蝽发生防治面积普查表

日期（月／日）	地点	代别	寄主作物名称	发生面积（hm²）	防治面积（hm²）	发生程度（级）	发生面积百分率（%）*
合计							

注：发生面积百分率指棉盲蝽在某寄主作物上的发生面积占当地该作物种植总面积的比例。

附录C　棉田盲蝽测报模式报表
（规范性附录）

附录C.1　一代盲蝽测报模式报表

汇报日期：5月31日

序号	查报内容	查报结果
1	一代三、四龄若虫高峰期（月／日）	
2	一代三、四龄若虫高峰期比常年早晚（±d）	
3	一代三、四龄若虫高峰期比上年早晚（±d）	
4	一代三、四龄若虫高峰期平均虫量（头/m²）	
5	一代三、四龄若虫高峰期虫量比常年增减率（±%）	
6	一代三、四龄若虫高峰期虫量比上年增减率（±%）	
7	截至5月31日单灯累计诱虫量（头）	
8	单灯累计诱虫量比常年增减率（±%）	
9	单灯累计诱虫量比上年增减率（±%）	
10	一代成虫发生盛期（月／日~月／日）	
11	一代成虫发生高峰期比常年早晚（±d）	
12	一代成虫发生高峰期比上年早晚（±d）	
13	棉田外寄主作物上平均单位虫量*（头）	
14	棉田外寄主作物上平均单位虫量比常年增减率（±%）	
15	棉田外寄主作物上平均单位虫量比上年增减率（±%）	

（续）

序号	查报内容	查报结果
16	棉田外寄主作物面积比例（%）	
17	棉田外寄主作物面积比例比常年增减百分比（%）	
18	棉田外寄主作物面积比例比上年增减百分比（%）	
19	预计二代发生程度（级）	
20	预计二代二、三龄若虫发生高峰期（月／日）	
21	预计二代棉田药剂防治面积占棉田总面积比例（%）	
22	预计二代棉田平均用药次数（次）	
23	棉盲蝽优势种类	
24	汇报单位	

　　注：依调查方法不同，平均单位虫量有：头/百株、百芽或梢、百网，头/块（色板），头/台（性诱捕器），下表同。

附录C.2　二代盲蝽测报模式报表

汇报日期：7月10日

序号	查报内容	查报结果
1	二代三、四龄若虫高峰期（月／日）	
2	二代三、四龄若虫高峰期比常年早晚（±d）	
3	二代三、四龄若虫高峰期比上年早晚（±d）	
4	二代三、四龄若虫高峰期棉田平均百株虫量（头）	
5	棉田平均百株虫量比常年增减率（±%）	
6	棉田平均百株虫量比上年增减率（±%）	
7	二代三、四龄若虫高峰期其他作物田平均单位虫量（头）	
8	其他作物田平均单位虫量比常年增减率（±%）	
9	其他作物田平均单位虫量比上年增减率（±%）	
10	截至7月10日当代单灯累计诱虫量（头）	
11	单灯累计诱虫量比常年增减率（±%）	
12	单灯累计诱虫量比上年增减率（±%）	
13	二代成虫发生盛期（月／日～月／日）	
14	二代成虫发生高峰期比常年早晚（±d）	

（续）

序号	查报内容	查报结果
15	二代成虫发生高峰期比上年早晚（±d）	
16	二代棉田药剂防治面积占棉田总面积比例（%）	
17	二代棉田平均用药次数（次）	
18	棉花新被害株率（%）	
19	棉蕾被害率（%）	
20	棉小铃被害率（%）	
21	寄主作物面积比例（%）	
22	寄主作物面积比例比历年平均值增减百分比（%）	
23	寄主作物面积比例比上年增减百分比（%）	
24	预计三代发生程度（级）	
25	预计三代二、三龄若虫发生高峰期（月/日）	
26	预计三代棉田药剂防治面积占棉田总面积比例（%）	
27	预计三代棉田平均用药次数（次）	
28	棉盲蝽优势种类	
29	汇报单位	

附录C.3 三代盲蝽测报模式报表

汇报日期：8月15日

序号	查报内容	查报结果
1	三代三、四龄若虫高峰期（月/日）	
2	三代三、四龄若虫高峰期比常年早晚（±d）	
3	三代三、四龄若虫高峰期比上年早晚（±d）	
4	三代三、四龄若虫高峰期棉田平均百株虫量（头）	
5	棉田平均百株虫量比常年增减率（±%）	
6	棉田平均百株虫量比上年增减率（±%）	
7	截至8月15日当代单灯累计诱虫量（头）	
8	单灯累计诱虫量比常年增减率（±%）	

（续）

序号	查报内容	查报结果
9	单灯累计诱虫量比上年增减率（±%）	
10	三代成虫发生盛期（月/日～月/日）	
11	三代成虫发生高峰期比常年早晚（±d）	
12	三代成虫发生高峰期比上年早晚（±d）	
13	三代棉田药剂防治面积占棉田总面积比例（%）	
14	三代棉田平均用药次数（次）	
15	棉嫩头（叶片）新被害率（%）	
16	棉蕾被害率（%）	
17	棉小铃被害率（%）	
18	寄主作物面积比例（%）	
19	寄主作物面积比例比历年平均值增减百分比（%）	
20	寄主作物面积比例比上年增减百分比（%）	
21	预计四代发生程度（级）	
22	预计四代二、三龄若虫发生高峰期（月/日）	
23	预计四代棉田药剂防治面积占棉田总面积比例（%）	
24	预计四代棉田平均用药次数（次）	
25	棉盲蝽优势种类	
26	汇报单位	

附录C.4 末代盲蝽测报模式报表

汇报日期：9月30日

序号	查报内容	查报结果
1	末代三、四龄若虫高峰期（月/日）	
2	末代三、四龄若虫高峰期棉田平均百株虫量（头）	
3	末代三、四龄若虫高峰期其他作物田平均每平方米虫量（头）	
4	末代单灯累计诱虫量（头）	
5	末代棉田药剂防治面积占棉田总面积比例（%）	
6	末代棉田平均用药次数（次）	

（续）

序号	查报内容	查报结果
7	末代期间棉蕾被害率（%）	
8	末代期间棉小铃被害率（%）	
9	最终棉蕾被害率（%）	
10	最终棉小铃被害率（%）	
11	末代棉田平均百株虫量（头）	
12	末代棉田平均百株虫量比常年增减率（±%）	
13	末代棉田平均百株虫量比上年增减率（±%）	
14	末代其他作物田平均单位虫量（头）	
15	其他作物田平均单位虫量比常年增减率（±%）	
16	其他作物田平均单位虫量比上年增减率（±%）	
17	寄主作物面积比例（%）	
18	寄主作物面积比例比常年增减百分比（%）	
19	寄主作物面积比例比上年增减百分比（%）	
20	棉盲蝽优势种类	
21	预计翌年一代发生程度（级）	
22	汇报单位	

附录D 盲蝽发育历期
（资料性附录）

附录D.1 不同温度下盲蝽卵和若虫的发育历期

盲蝽种类	温度（℃）	发育历期（d）						
		卵	一龄若虫	二龄若虫	三龄若虫	四龄若虫	五龄若虫	整个若虫期
绿盲蝽	15	14.9±0.3	5.6±0.2	4.0±0.2	4.4±0.2	4.5±0.2	7.7±0.2	26.2±0.2
	20	11.0±0.2	3.6±0.1	2.8±0.2	2.4±0.1	2.6±0.1	4.1±0.1	15.5±0.2
	25	8.2±0.1	3.0±0.1	1.6±0.1	2.2±0.1	1.8±0.1	3.2±0.1	11.8±0.2
	30	6.7±0.1	2.0±0.1	1.6±0.1	1.5±0.1	1.9±0.1	3.0±0.1	10.2±0.2
	35	6.3±0.1	2.6±0.2	2.3±0.4	1.7±0.1	2.1±0.1	2.4±0.3	11.1±0.6

（续）

盲蝽种类	温度(℃)	发育历期（d）						
		卵	一龄若虫	二龄若虫	三龄若虫	四龄若虫	五龄若虫	整个若虫期
中黑盲蝽	15	20.0±0.3	8.8±0.4	6.8±0.2	5.3±0.2	7.7±0.2	12.3±0.2	41.0±0.4
	20	13.8±0.1	5.3±0.1	3.1±0.1	3.0±0.1	3.2±0.1	4.3±0.1	19.0±0.2
	25	9.8±0.1	4.0±0.1	2.1±0.1	2.5±0.1	2.6±0.1	3.8±0.1	14.9±0.1
	30	7.9±0.1	3.1±0.1	2.0±0.2	1.8±0.1	2.3±0.1	3.1±0.1	12.3±0.2
	35	8.4±0.3	4.0±0.4	3.3±0.2	1.7±0.2	1.7±0.2	3.3±0.2	14.0±0.6
三点盲蝽	15	20.1±0.4	6.4±0.2	4.9±0.2	4.7±0.2	8.5±0.3	7.7±0.2	32.2±0.3
	20	14.5±0.2	4.3±0.2	3.8±0.2	4.1±0.1	4.5±0.1	6.2±0.1	22.9±0.2
	25	9.8±0.1	3.9±0.3	2.4±0.1	2.8±0.1	2.9±0.1	4.5±0.1	16.5±0.4
	30	7.8±0.1	3.0±0.2	2.2±0.2	2.2±0.1	2.5±0.2	3.7±0.1	13.6±0.2
	35	8.5±0.1	2.5±0.2	2.6±0.2	1.7±0.1	2.7±0.1	3.6±0.1	13.0±0.1
苜蓿盲蝽	15	24.5±0.3	10.3±0.3	8.6±0.3	7.2±0.3	9.4±0.3	10.3±0.3	45.8±0.4
	20	15.8±0.1	4.3±0.1	3.1±0.1	3.3±0.1	4.0±0.1	5.6±0.2	20.3±0.2
	25	12.3±0.1	3.0±0.1	2.3±0.1	2.5±0.1	3.1±0.1	4.4±0.1	15.3±0.1
	30	9.4±0.1	2.4±0.1	1.7±0.1	2.0±0.1	2.3±0.1	3.5±0.1	12.0±0.1
	35	9.1±0.1	2.2±0.1	2.1±0.1	2.0±0.2	2.6±0.2	3.9±0.3	12.8±0.4
牧草盲蝽	15		9.5±0.54	10.0±0.28	9.8±0.36	11.7±0.32		58.2±1.11
	20		5.1±0.22	5.1±0.10	5.6±0.15	6.0±0.12		31.8±0.40
	25		3.3±0.16	2.7±0.09	2.8±0.07	3.3±0.08	5.0±0.10	17.2±0.24
	30	7.3±0.13	2.1±0.04	2.0±0.06	1.9±0.06	2.0±0.05	3.5±0.07	11.5±0.11
	35	6.4±0.07	2.0±0.00	1.5±0.29	1.8±0.48	2.5±0.29	4.3±0.48	12.0±0.41

附录D.2 绿盲蝽各代卵和若虫发育历期

观察地点	代别	卵历期(d)	日均温(℃)	若虫历期（d）						产卵前期(d)	备注
				一龄	二龄	三龄	四龄	五龄	全若虫期		
江苏大丰	一			2.01	4.78	8.70	5.60	7.70	28.79	10.11	室内观察
	二	5.90	24.9	3.90	2.47	2.47	3.00	4.16	16.00	12.66	
	三	5.68	30.7	3.00	2.90	2.64	3.30	3.57	15.41	12.45	
	四			2.95	3.00	3.44	1.90	3.25	13.49		
	五			3.00	1.88	2.44	2.75	4.70	14.77		
江苏东台	二	10.33	23.6	2.60	1.99	1.54	2.32	4.20	12.65		
	三	6.82	26.2	1.88	1.81	1.54	1.79	2.83	9.85		

（续）

观察地点	代别	卵历期 (d)	日均温 (℃)	若虫历期 (d)						产卵前期 (d)	备注
				一龄	二龄	三龄	四龄	五龄	全若虫期		
江苏东台	四	5.84	28.7	2.25	1.20	1.37	1.75	2.67	9.24		
	五	9.35		4.00	2.17	3.00	3.83	5.42	18.42		
江苏通州	一			5.50	6.45	5.30	4.82	4.45	26.42		室内观察
	二	7.96		3.37	2.57	2.44	2.27	2.05	12.70		
	三	12.23		3.95	2.70	2.75	2.20	2.15	13.75		
	四	12.17		3.25	2.39	2.08	1.92	2.17	11.81		
	五	8.60									

附录D.3　中黑盲蝽各代卵和若虫发育历期

观察地点	代别	卵历期 (d)	日均温 (℃)	若虫历期 (d)						日均温 (℃)	产卵前期 (d)
				一龄	二龄	三龄	四龄	五龄	全若虫期		
江苏东台	一			5.70	5.30	5.09	5.68	7.27	29.04	20.46	11.80
	二	11.84	22.90	3.54	3.03	3.10	3.73	4.88	18.28	24.64	8.49
	三	8.36	27.70	2.34	2.31	2.50	2.76	3.73	13.64	28.80	5.96
	四	8.67	27.60	3.01	2.57	2.83	3.23	4.55	16.19	25.98	8.55
江苏如皋	一			4.40	3.50	4.40	4.90	7.20	24.40		
	二	14.80	23.04	3.10	2.80	3.00	3.70	6.60	19.10	24.70	
	三	11.74	25.21	3.00	2.60	2.70	2.40	3.50	14.10	28.90	
	四	8.77	25.22	2.80	2.30	2.10	2.40	3.50	13.10	28.30	

附录E　盲蝽成虫产卵量（粒/头）
（资料性附录）

种类	10℃	15℃	20℃	25℃	30℃	35℃
绿盲蝽	28.0±2.5	56.7±7.7	84.4±14.9	81.3±12.7	73.9±11.9	21.9±3.8
中黑盲蝽	23.75±1.86	44.83±3.87	70.59±7.36	70.097±6.74	50.69±5.92	32.91±3.36
三点盲蝽	17.17±2.20	35.75±3.39	53.00±6.12	65.53±8.82	45.39±3.55	24.71±3.01
苜蓿盲蝽	19.57±2.11	66.96±3.54	82.54±8.47	103.25±9.83	93.19±9.29	47.91±3.10

（二）果树

黄河流域果棉混作区（含果树单作区）主要有绿盲蝽发生；西北内陆果棉混作区（含果树单作区）主要有牧草盲蝽和绿盲蝽发生。为害果树的主要是一、二代盲蝽。

以果树主要受害生育期平均百芽虫量（包括成虫和若虫）确定发生程度，分为5级，即轻发生（1级），偏轻发生（2级），中等发生（3级），偏重发生（4级），大发生（5级），各级指标见表5-2。

表5-2　果园盲蝽发生程度分级指标

级别	平均百芽（梢）虫量（头）		
	抽枝展叶期	花　期	幼果期
1	0.5 ~ 1	0.5 ~ 2	0.5 ~ 2
2	1.1 ~ 2	2.1 ~ 5.0	2.1 ~ 5.0
3	2.1 ~ 5	5.1 ~ 8.0	5.1 ~ 8.0
4	5.1 ~ 10	8.1 ~ 12.0	8.1 ~ 12.0
5	>10	>12	>12

1. 成虫诱测方法

（1）设置地点。在常年适宜成虫发生的果园，面积不小于1000 m²，设置灯诱、性诱处，各地可依当地条件选择1 ~ 2种方法，每年固定进行诱测。诱测时间自4月1日起至6月30日止。

（2）诱测方法

灯诱法：田间设置1台20W灯具。要求其四周100 m范围内无高大建筑物和树木遮挡。灯管下端与地表面垂直距离为1.5 m，需每年更换一次新灯管。各棉区依据当地优势盲蝽种类确定一种波长的灯管（诱测盲蝽可选择的灯具波长见"棉花"附录A表A.1）。每日调查灯下成虫发生数量，分别记载盲蝽种类，结果记入盲蝽灯诱记载表（见附录A表A.1.1）。

性诱法：各棉区依据当地优势盲蝽种类确定性诱剂种类（不同盲蝽种类的性诱剂成分配比和含量见"棉花"附录A表A.2）。选用桶形诱捕器，内部悬挂含有性诱剂的黑色塑料小瓶（诱芯），1个月更换一次。诱捕器每块田放3 ~ 5个，沿植株行放置，每个相距50 m，兼顾田边（与田边距离不少于5 m）和中间。挂置在果树中部枝条外围树荫处，高于地面1.5 m。每日调查诱捕器中成虫发生数量，分别记载盲蝽种类，清除诱捕器中虫体。结果记入盲蝽性诱记载表（见附录A表A.1.2）。

2. 系统调查

（1）越冬卵调查

调查时间：3月中下旬，进行1次越冬卵调查。

调查地点：在黄河流域果棉混作区进行。选择当地常年发生重的代表性成株果园3个，固定为系统调查园。

调查方法：冬枣采用剪枝查卵法。即在每块枣园随机选取10株枣树，记录每株树上春剪残桩的数量，并从每株枣树上随机剪取5个春剪残桩带回室内剥查。在室内，逐一检查每个春剪残桩上是否有盲蝽卵，记录有卵的春剪残桩数；若发现有卵，用昆虫解剖针挑下卵，并记录每个春剪残桩上的卵量。

枣树其他品种以及其他果树种类采用越冬芽查卵法。即在每块果园随机选取10株果树，记录每株树上越冬芽的数量，并从每株果树上随机采集5个越冬芽带回室内剥查。在室内，用昆虫解剖针剥开越冬芽，逐一调查越冬芽上是否有卵及每个越冬芽上的卵量。结果记入果园盲蝽越冬卵基数调查记载表（见附录A表A.2）。

（2）果园虫量调查

调查时间：黄河流域和西北内陆果棉混作区，从4月10日起至6月30日止（樱桃至5月20日止）；每5d进行一次若虫、成虫调查。

调查地点：选择当地常年发生重的代表性成株果园3个，固定为系统调查园（黄河流域果棉混作区在卵量系统调查田中进行）。

调查方法：调查采用目测法。每个果园采用单对角线五点取样，每点调查2株，每株选取5个嫩芽或新梢，快速目测盲蝽若虫龄期、若虫和成虫种类及数量，折百芽或百梢虫量，计算各虫态虫量所占比例，结果记入果园盲蝽虫量系统调查记载表（见附录A表A.3）。虫量调查的同时，检查各个嫩芽或新梢上嫩叶、花、幼果数量及其被害数量，分别计算各自的被害率。结果记入果园盲蝽为害情况系统调查记载表（见附录A表A.4）。

3. 果园普查

（1）普查时间。根据系统调查情况，当一、二代（樱桃园只调查1代）主要优势种处于三、四龄若虫高峰期进行普查。

（2）普查果园。每次普查果园不少于10个。

（3）普查方法

虫量普查：每块果园随机取2点，每点调查1株，选取5个嫩芽或新梢，快速目测盲蝽若虫和成虫数量，折百芽或百梢虫量。

果树受害情况普查：在虫量普查的同时调查果树受害情况，即每块果园随机取2点，每点调查1株，每株选取5个嫩芽或新梢，检查嫩叶、花、幼果数量及其新被害数量，分别计算各自的被害率。

虫量和果树受害情况普查结果记入果园盲蝽虫量和为害情况普查记载表（见附录A表A.5）。

依普查情况估算和确定一、二代盲蝽在果园的发生面积、发生程度、防治面积，结果记入果园盲蝽发生防治面积普查表（见附录A表A.6）。

4. 预测预报方法

（1）发生期预测

历期预测法：通过对田间不同世代、不同虫龄发生量的系统调查，确定其发生百分率达始盛期（16%）、高峰期（50%）和盛末期（84%）的时间，在此基础上分别加上当时气温下各虫态的平均历期（见"棉花"附录D.1和附录D.2），推算出以后1个或几个虫态、虫龄的相应发生日期。如根据上一代四龄以上若虫占约50%的日期，预测下一代三龄若虫高峰期，其预测值为：

$$D_3 = D_4 + \frac{1}{2}T_4 + T_5 + T_p + T_e + T_1 + T_2 + \frac{1}{2}T_3$$

式中，D_3为下一代三龄若虫高峰期，D_4为上一代四龄若虫高峰期，T_4、T_5、T_p、T_e、T_1、T_2和T_3分别为四龄若虫历期、五龄若虫历期、成虫产卵前期、卵期、一龄若虫历期、二龄若虫历期和三龄若虫历期。

期距预测法：期距预测法是根据当地积累的多年历史资料，总结出当地某种盲蝽两个世代之间或同一世代各虫态之间间隔期的经验值，即期距的平均值和标准差，再将田间害虫发育进度调查结果，加上一个虫态期距或世代期距，推算出下一个虫态或下一个世代发生期。如根据二代二、三龄若虫高峰期的日期，预测三代二、三龄若虫高峰期，其预测式为：

$$D_n = D_{2、3} + d_{2、3} \pm S_d$$

式中，D_n为三代二、三龄若虫高峰期，$D_{2、3}$为二代二、三龄若虫高峰期，$d_{2、3}$为二代二、三龄若虫高峰期至三代二、三龄若虫高峰期的期距，S_d为标准差。

（2）发生量和发生程度预测

有效虫口基数预测法：根据当地田间调查的正常生长发育的盲蝽数量（即基数），以及多年调查统计结果得出的该种害虫的繁殖系数（见"棉花"附录E），预测该害虫下一代的发生数量。亦可通过依据当代盲蝽的发生数量，结合历史资料和发生程度分级指标来预测下一代发生程度（见"棉花"附录C.3）。

综合分析预测法：根据越冬卵量、一代残留虫量和各寄主作物面积比例，结合气象、天敌和果树种植等因素，参照历史资料，综合分析做出下一生育期发生量和发生程度预测（见附录B.1）。

附录A　果园盲蝽调查资料表册

表A.1　盲蝽成虫诱测记载表
表A.1.1　盲蝽成虫灯诱记载表

灯具光源类型或型号：

日期（月／日）	____盲蝽	____盲蝽	____盲蝽	合计	累计	备注
	（头/灯）					

表A.1.2　盲蝽成虫性诱记载表

性诱盲蝽种类：

日期（月／日）	地点	诱捕器数量（个）	总诱虫量（头）	平均单个诱捕器诱虫量（头）	备注

表A.2 果园盲蝽越冬基卵数调查记载表

日期（月／日）	地点	冬枣			其他果树种类或枣树品种____		
		每株树上春剪残桩的数量（个）	每个春剪残桩平均卵量（粒）	平均每株卵量（粒）	每株树上越冬芽数量（个）	每个越冬芽平均卵量（粒）	平均每株卵量（粒）

注：冬枣调查春剪残桩，果树其他品种、果树其他种类调查越冬芽。

表A.3 果园盲蝽虫量系统调查记载表

日期（月／日）	地点	果树种类	生育期	调查芽（梢）数	调查总虫量（头）		各种盲蝽比例（%）		平均百芽（梢）虫量（头）		各虫态虫量比例（%）					
					盲蝽	一盲蝽	盲蝽	一盲蝽	盲蝽	一盲蝽	一龄	二龄	三龄	四龄	五龄	成虫

表A.4　果园盲蝽为害情况系统调查记载表

日期 (月/日)	地点	果树生育期	嫩叶			花			幼果		
			调查叶数 (片)	被害叶数 (片)	叶被害率 (%)	调查花数 (朵)	被害花数 (朵)	花被害率 (%)	调查幼果 数(个)	被害幼果 数(个)	幼果被害 率(%)

表A.5　果园盲蝽虫量和为害情况普查记载表

日期 (月/日)	地点	调查芽 (梢)数	虫量 (头)	平均百芽 (梢)虫 量(头)	嫩叶			花			幼果		
					调查叶数 (片)	被害叶数 (片)	叶被害 率(%)	调查花 数(朵)	被害花 数(朵)	花被害 率(%)	调查幼果 数(个)	被害幼果 数(个)	幼果被害 率(%)

注：被害率为新被害率。

表A.6　果园盲蝽发生防治面积普查表

日期 （月／日）	地点	果树 种类	生育期	代别	发生面积 (hm²)	防治面积 (hm²)	发生程 度（级）	发生面积比 例（%）*	备注

注：发生面积比例指盲蝽在果树上的发生面积占当地该果树种植总面积的比例。

附录B　盲蝽发育历期与产卵量

附录B.1　山东冬枣盲蝽发生程度分级指标

春剪残桩平均越冬卵量（粒／个）	预计一代发生程度
1 ~ 3	1
3.1 ~ 5	2
5.1 ~ 10	3
10.1 ~ 20	4
>20	5

（三）茶树

为害茶树的盲蝽是绿盲蝽[*Apolygus lucorum* (Meyer-Dür)]，主害代为一代盲蝽。

以春茶采摘期平均百芽（梢）虫量（包括成虫和若虫）确定发生程度，分为5级，即轻发生（1级），偏轻发生（2级），中等发生（3级），偏重发生（4级），大发生（5级），分级指标见表5-3。

表5–3　茶园盲蝽发生程度分级指标

级别	平均百芽（梢）虫量（头）
1	0 ~ 0.5
2	0.5 ~ 1.0
3	1.1 ~ 3.0
4	3.1 ~ 5.0
5	>5

1. 成虫诱测

（1）设置地点。在常年适宜绿盲蝽成虫发生的茶园，面积不小于 1 000 m²，设置灯诱、性诱处，各地可依当地条件选择 1～2 种方法，每年固定进行诱测。诱测时间自 9 月 1 日起至 10 月底止。

（2）诱测方法

灯诱法：田间设置 1 台 20W 灯具。要求其四周 100 m 范围内无高大建筑物和树木遮挡。灯管下端与地表垂直距离为 1.5 m，需每年更换一次新灯管。选择绿盲蝽适宜的波长灯管（见"棉花"附录 A 表 A.1）。每日调查灯下成虫发生数量，结果记入盲蝽成虫诱测记载表（见附录 A 表 A.1.1）。

性诱法：选择绿盲蝽性诱剂（见"棉花"附录 A 表 A.2）。选用桶形诱捕器，内部悬挂含有性诱剂的黑色塑料小瓶（诱芯），1 个月更换一次。诱捕器每块田放 3～5 个，沿植株行放置，每个相距 50 m，兼顾田边（与田边距离不少于 5 m）和中间。挂置在茶株顶部 10 cm 处。每日调查诱捕器中绿盲蝽成虫发生数量，清除诱捕器中虫体。结果记入盲蝽成虫诱测记载表（见附录 A 表 A.1）。

2. 茶园系统调查

（1）调查时间。绿盲蝽越冬卵孵化后，若虫直接为害茶的嫩芽，羽化为成虫后即迁出茶园。由于春茶采收的特殊性，越冬卵孵化动态是茶园绿盲蝽的测报重点。

3 月中下旬，进行 1 次越冬卵调查。

从 4 月 10 日起至 5 月 20 日止，调查若虫和成虫，每 3 d 调查一次。

（2）调查地点。选择各地有代表性成株茶园 3 个，固定为系统调查园。

（3）调查方法

越冬卵调查：采用越冬芽查卵法。即在每个茶园随机选取 10 株茶树，并从每株茶树上随机采集越冬芽、断枝残茬 5 个带回室内剥查。在室内，用昆虫解剖针剥开越冬芽，逐一调查越冬芽上是否有卵及每个越冬芽、断枝残茬上的卵量，折百个单位的虫量。结果记入茶园盲蝽越冬卵量调查记载表（见附录 A 表 A.2）。

若虫调查：每片茶园随机调查 10 株，每株选取 5 个嫩芽或新梢，采用目测法调查其上盲蝽种类和数量。将查获虫体分龄记载，统计平均百芽或百梢虫量和各虫态虫量所占比例，结果记入茶园盲蝽虫量系统调查记载表（见附录 A 表 A.3）。在虫量调查的同时，检查各个嫩芽或新梢上叶片数量及其被害数量，计算被害率。结果记入茶园盲蝽为情况系统调查记载表（见附录 A 表 A.4）。

3. 茶园普查

（1）普查时间。根据系统调查情况，在越冬卵孵化高峰期或一代三、四龄若虫高峰期进行普查。

（2）普查田块。每次普查茶园不少于10个。

（3）普查方法。每个茶园单对角线五点取样，每点调查1株，每株选取5个嫩芽或新梢，目测调查其上盲蝽成虫和若虫数量；调查叶片数量及其被害数量，计算被害率，调查结果记入茶园盲蝽发生为害情况普查记载表（见附录A表A.5）。

依普查情况估算和确定当地盲蝽在茶园的发生面积、防治面积、发生程度，结果记入茶园盲蝽发生防治面积普查表（见附录A表A.6）。

4. 预测预报方法

（1）发生期预测。早春绿盲蝽越冬卵孵化与降雨直接相关，一般雨后第二天为孵化高峰。基于此和绿盲蝽发育历期（见"棉花"附录D），预测绿盲蝽二、三龄若虫发生时间即防治适期。

（2）发生量和发生程度预测。根据早春茶园越冬卵基数，结合气象等因素，参照历史资料，综合分析做出当地一代发生量和发生程度预测。

附录A 茶园盲蝽调查资料表册

表A.1 盲蝽成虫诱测记载表

日期 （月／日）	灯诱		性诱		备注*
	虫量（头／台）	累计（头）	虫量（头／台）	累计（头）	

注：灯管波长和天气。

表A.2 茶园盲蝽越冬卵量调查记载表

日期 （月／日）	地点	调查越冬芽、断枝残茬数量（个）	总卵量（粒）	平均百个越冬芽、断枝残茬上的越冬卵量（粒）

表A.3　茶园盲蝽虫量系统调查记载表

日期（月／日）	地点	调查芽（梢）数	调查总虫量（头）		各种盲蝽比例（%）		平均百芽（梢）虫量（头）		各虫态虫量比例（%）					
			绿盲蝽	其他盲蝽	绿盲蝽	其他盲蝽	绿盲蝽	其他盲蝽	一龄	二龄	三龄	四龄	五龄	成虫

表A.4　茶园盲蝽为害情况系统调查记载表

日期（月／日）	地点	调查芽（梢）数	嫩叶		
			调查叶数（个）	被害叶数（个）	叶被害率（%）

表A.5　茶园盲蝽发生为害情况普查记载表

日期（月／日）	地点	虫量			嫩叶受害情况		
		调查芽（梢）数	虫量（头）	平均百芽（梢）虫量（头）	调查叶数（片）	被害叶数（片）	叶被害率（%）

表A.6　茶园盲蝽发生防治面积普查表

日期（月／日）	地点	代别	发生面积（hm²）	防治面积（hm²）	发生程度（级）	发生面积比例（%）

注：发生面积比例指盲蝽在茶树上的发生面积占当地茶树种植总面积的比例。

（四）苜蓿

黄河流域牧棉混作区为害苜蓿的盲蝽主要有绿盲蝽、中黑盲蝽、苜蓿盲蝽和三点盲蝽；西北内陆牧棉混作区为害苜蓿的盲蝽主要有牧草盲蝽、苜蓿盲蝽和绿盲蝽。黄河流域和西北内陆牧棉混作区一至四（五）代均可为害苜蓿。

以紫花苜蓿田主害代发生高峰期平均百株虫量（包括成虫和若虫）确定发生程度，分为5级，即轻发生（1级），偏轻发生（2级），中等发生（3级），偏重发生（4级），大发生（5级），各级指标见表5-4。

表5-4 紫花苜蓿田盲蝽发生程度分级指标

级别	第一茬平均虫量（头/m²）	其余时期平均虫量（头/m²）
1	0.5 ~ 5.0	0.5 ~ 10.0
2	5.1 ~ 8.0	10.1 ~ 20.0
3	8.1 ~ 15.0	20.1 ~ 30.0
4	15.1 ~ 25.0	30.1 ~ 50.0
5	>25	>50

1. 成虫诱测

（1）设置地点和时间。在常年适宜成虫发生的苜蓿田，面积不小于1 000 m²，设置灯诱、性诱处，各地可依当地条件选择1 ~ 2种方法，每年自5月1日起至10月31日止进行诱测。

（2）诱测方法

灯诱法：田间设置1台20W灯具。要求其四周100 m范围内无高大建筑物和树木遮挡。灯管下端与地表垂直距离为1.5 m，需每年更换一次新灯管。各区域依据当地优势盲蝽种类确定一种波长的灯管（诱测盲蝽可选择的灯具波长见"棉花"附录A表A.1）。每日调查灯下成虫发生数量，分别记载盲蝽种类，结果记入盲蝽成虫灯诱记载表（见附录A表A.1.1）。

性诱法：各棉区依据当地优势盲蝽种类确定性诱剂种类（不同盲蝽种类的性诱剂成分配比和含量见"棉花"附录A表A.2）。选用桶形诱捕器，内部悬挂含有性诱剂的黑色塑料小瓶（诱芯），1个月更换一次。诱捕器每块田放3 ~ 5个，沿植株行放置，每个相距50 m，兼顾田边（与田边距离不少于5 m）和田块中间。放置高度，苗期应高于地面1 m，其余时期高于苜蓿冠层

15 cm。在诱测时间内，每日调查诱捕器中成虫发生数量，分别记载盲蝽种类。结果记入盲蝽成虫性诱记载表（见附录A表A.1.2）。

2. 苜蓿田系统调查

（1）调查时间。从4月1日起至10月31日止，调查盲蝽种类及其若虫和成虫，每5 d调查一次。

（2）调查地点。选择各地有代表性的紫花苜蓿田3块，固定为系统调查田。

（3）调查方法。采用拍打法，五点取样，每点拍10盆。将30 cm×40 cm的白瓷盆置于植株下部，用力拍打植株中上部使盲蝽落入白瓷盆内，对盆内的虫量进行快速分种、分龄和计数。每次调查时，同时记录被调查植株的占地面积，以此推算每平方米单位面积盲蝽种群密度。结果记入苜蓿田盲蝽虫量系统调查记载表（见附录A表A.2）。

3. 苜蓿田普查

（1）普查时间。在每茬紫花苜蓿的现蕾期，当盲蝽处于三、四龄若虫高峰期时进行普查。

（2）普查田块。每次普查田块不少于10块。

（3）普查方法。每块紫花苜蓿田单对角线五点取样，每点拍10盆，目测调查其上盲蝽成虫和若虫数量；调查苜蓿新被害株率，每块田对角线五点取样，每点查5株，目测各点新被害株数，计算新被害株率；调查结果记入苜蓿田盲蝽发生情况普查记载表（见附录A表A.3）。

同时依据普查结果估算和确定当地盲蝽在苜蓿上的发生面积、防治面积和发生程度，结果记入苜蓿田盲蝽发生防治面积普查表（见附录A表A.4）。

4. 预测预报方法

（1）发生期预测。早春（第一茬），盲蝽越冬卵孵化与降雨直接相关，一般雨后第二天为孵化高峰。基于此和盲蝽发育历期（见"棉花"附录D），预测盲蝽二、三龄若虫发生时间（即防治适期）。

其余时期，随着苜蓿出苗生长，盲蝽成虫陆续返回苜蓿田；苜蓿进入现蕾和初花期，虫量达到高峰。可基于苜蓿生长进度，预测盲蝽种群迁入虫量发生程度和发生期。

（2）发生量和发生程度预测。通过对当代盲蝽的发生数量，结合历史资料和发生程度分级指标来预测下一代发生程度。

附录A 苜蓿田盲蝽调查资料表册

表A.1 盲蝽成虫诱测记载表
表A.1.1 盲蝽成虫灯诱记载表

灯具光源类型或型号：

日期 （月／日）	___盲蝽 （头／灯）	___盲蝽 （头／灯）	___盲蝽 （头／灯）	合计 （头／灯）	累计（头）	备注

表A.1.2 盲蝽成虫性诱记载表

性诱盲蝽种类：

日期 （月／日）	地点	诱捕器数量 （个）	总诱虫量 （头）	平均单个诱捕器诱虫量 （头）	备注

表A.2 苜蓿田盲蝽虫量系统调查记载表

日期 （月／日）	地点	调查面积(m²)	调查总虫量（头）		各种盲蝽比例（%）		平均虫量（头/m²）		各虫态虫量比例（%）					
			___盲蝽	其他盲蝽	___盲蝽	其他盲蝽	___盲蝽	其他盲蝽	一龄	二龄	三龄	四龄	五龄	成虫

表A.3　苜蓿田盲蝽发生情况普查记载表

日期 （月／日）	地点	调查面积 （m²）	虫量 （头）	平均虫量 （头／m²）	植株		
					调查植株数 （株）	被害植株数 （株）	植株被害率 （%）*
	平均						

注：被害率为新被害率。

表A.4　苜蓿田盲蝽发生防治面积普查表

日期 （月／日）	地点	茬次	代别	发生面积 （hm²）	防治面积 （hm²）	发生程度 （级）	发生面积比例 （%）*

注：发生面积比例指盲蝽在苜蓿上的发生面积占当地苜蓿种植总面积的比例。

第六章
综合防治技术

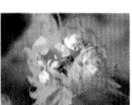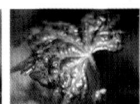

一、总体防治策略

（一）压低早春虫源

切断盲蝽生活周期的关键环节对抑制种群增长有重要作用。越冬期和早春是盲蝽年生活史中最薄弱的阶段。通过破坏或毁灭越冬场所、清除早春杂草等方法来控制盲蝽越冬基数和早春虫源，是降低发生为害程度的有效手段。

（二）狠治迁入成虫

盲蝽具有较强的繁殖能力，卵小且产在植物组织中，待发现若虫为害时，往往已错过防治适期。一般而言，盲蝽成虫刚刚迁入寄主作物田是集中防治的最佳时期，防治迁入成虫可以收到事半功倍的效果。如盲蝽从早春寄主向棉田转移时期的防治可有效控制下一代若虫的种群密度。

（三）开展统防统治

盲蝽成虫具有直接的危害性和较强的飞行扩散能力，在寄主植物（杂草和作物）田块间转移危害性强。因此，局部地块的防治对盲蝽区域性种群控制作用不大。采取大面积同步的统防统治对盲蝽的区域性持续控制有重要意义。

二、区域治理对策

（一）区域划分

除棉花外，盲蝽喜食的植物还有枣、葡萄、樱桃、苹果、梨、桃等果树及茶树和苜蓿等，后者还是盲蝽的主要早春寄主和越冬寄主。根据我国棉花种植区划、各棉区盲蝽寄主作物种植模式和盲蝽发生规律等，将盲蝽发生区域划分为以下几个生态类型（表6-1）。

1. 黄河流域

果棉混作区：典型区域有山东滨州、沂源、莒南，河北沧县、献县、辛集、深州等地。这些区域以绿盲蝽为主，伴有少量的三点盲蝽等，主要为害棉花与果树等，季节性发生的主要寄主链为果树（早春寄主）—棉花（夏寄主）—果树（越冬寄主）。

牧棉混作区：主要集中在河北黄骅地区，该地种植大面积的紫花苜蓿。该区主要以苜蓿盲蝽和绿盲蝽为主，主要寄主转移链为苜蓿与杂草（早春寄主）—苜蓿与棉花（夏寄主）—苜蓿与杂草（越冬寄主）。

粮棉混作区：除上述区域以外，主要是粮棉混作或棉花单作模式。该区域以绿盲蝽和中黑盲蝽为主，主要为害棉花，不同季节的主要寄主依次为杂草（早春寄主）—棉花（夏寄主）—枯死杂草与棉株残体（越冬寄主）。

2. 长江流域

这一流域主要以粮棉混作区为主，但与黄河流域棉区粮棉混作模式有一定区别。在长江流域棉区，冬春季农作物种类多样（如蚕豆、蔬菜等），这些都是早春盲蝽的适宜寄主，因此其季节性发生的主要寄主链为蚕豆、蔬菜及其留种地、杂草（早春寄主）—棉花（夏寄主）—枯死杂草和棉株残体（越冬寄主）。该区域盲蝽主要种类为中黑盲蝽与绿盲蝽。

3. 西北内陆

果棉混作区：典型地区包括新疆阿克苏、喀什等，果棉邻作与间作模式非常普遍并呈增加趋势。主要盲蝽种类为牧草盲蝽，以成虫蛰伏越冬。季节性寄主转移链为果树、杂草（早春寄主）—棉花（夏寄主）—田间落叶（越冬场所）。

牧棉混作区：典型地区包括新疆喀什叶城县、兵团农一师（阿克苏）5团、农八师（石河子）147团等，棉田周围常有苜蓿带种植，以牧草盲蝽为主，伴有一定数量的苜蓿盲蝽。其季节性寄主转移链为苜蓿（早春寄主）—棉花与苜蓿（夏寄主）—苜蓿茬、棉田落叶（越冬场所）。

粮棉混作区或棉花单作区：新疆除以上果棉和牧棉混作区以外的其他地方主要是粮棉混作或棉花单作模式，以牧草盲蝽为优势种。不同季节的主要寄主植物分别为杂草（早春寄主）—棉花（夏寄主）—田间落叶（越冬场所）。

（二）发生规律与分区防控策略

不同农田生态区盲蝽的季节发生规律及其测报与防治重点如表6-1。

1. 黄河流域果棉混作区

发生规律：果棉混作区以绿盲蝽为主。绿盲蝽1年发生5代，一至二代在果园发生，三至五代在棉田为害，第五代成虫迁回果园产卵越冬。越冬卵主要产在果树断枝松软部位或芽鳞上，4月中、下旬开始陆续孵化，一般会持续到5月初结束。降雨对于越冬卵孵化十分有利，降雨后1～2d常出现一个孵化高峰。孵化后的一代若虫即钻到果树芽鳞、嫩叶、花蕾中取食，将导致不能正常抽枝、花蕾大量脱落等现象，这是果树最易受害的敏感时期。5月中旬，开始发生二代若虫，继续为害果树的花蕾与嫩果，部分种群在果园及其周围的杂草上发生。6月中、下旬，二代成虫大规模迁入棉田，可持续为害至9月中旬。8月中、下旬，绿盲蝽成虫就开始陆续回迁果园，9月中旬为回迁高峰并开始产越冬卵。

测报重点：自4月初起，系统监测果树上盲蝽越冬卵孵化进度，确定防治时间。自6月中旬起，系统监测果园及棉田盲蝽发生量及发育进度，明确盲蝽成虫从果园向棉田转移的关键时期，提出棉田迁入成虫的防治时期。7月初至8月末，以棉田盲蝽发生数量与发育进度调查测报为主。9月初，监测果园盲蝽成虫回迁动态与数量。11月，调查越冬卵数量，指导越冬防治。

防治对策：果树断枝和芽鳞是盲蝽的集中产卵场所，是集中消灭越冬虫源重点。4月初之前，结合冬春季果树修剪可以压低越冬卵基数。盲蝽一代若虫是果园防治的关键时期。4月中旬开始，降雨后的第二天（卵集中孵化）进行化学防治，能够有效控制盲蝽为害；如果持续降雨，需要抢晴防治。6月中、下旬，绿盲蝽从果园向棉田的迁入高峰期和9月中旬绿盲蝽集中回迁果园产卵越冬期，都是种群控制的关键时期。通过集中防治能够大大降低下一代或下一年的种群发生数量。7～8月，主要进行棉田盲蝽防治。9月，防治果园回迁成虫。

2. 黄河流域牧棉混作区

发生规律：河北黄骅牧棉混作区以苜蓿盲蝽和绿盲蝽混合发生。盲蝽主要以卵在苜蓿上越冬，卵4月中旬开始孵化，一代若虫主要在苜蓿上取食。5月中旬，随苜蓿的第一次收割，出现了盲蝽成虫第一个寄主转移高峰，靠近苜蓿的棉田盲蝽开始大量迁入，而苜蓿田内盲蝽的种群数量急剧下降；之后，苜蓿田内的盲蝽种群逐渐上升。直到7月初，苜蓿逐渐开花后，苜蓿田内的盲蝽种群再次达到高峰期，至7月中、下旬，第二次收割苜蓿，导致盲蝽的第二次迁移高峰。而9月上、中旬和10月上、中旬，第三次和第四次苜蓿的收割都同样会导致盲蝽种群的大量被迫转主迁移。而棉田内盲蝽种群消长动态也基本上和苜蓿田的四次收割时期相符合，以前两次最为明显；之后，随着杂草和其他寄主作物的不断丰富，苜蓿田外的虫源基数增加，棉田盲蝽发生波动，幅度有所下降。

测报重点：4月下旬，开展苜蓿上盲蝽发生情况调查，明确棉田外虫源基数。自5月中旬，同时监测苜蓿和棉田盲蝽发生数量及发育进度，明确因苜蓿生育期或刈割致使盲蝽成虫迁入棉田时间和棉田盲蝽发生动态，指导科学防治。

防治对策：在盲蝽越冬卵孵化盛期（4月中、下旬），控制苜蓿田里的早春种群，压低第一代虫源基数；对于棉田，系统监测盲蝽的迁入时期，采用重点防治迁入代成虫的策略。并于每次牧草收割后均采用此项措施，防治被迫入侵棉田内的盲蝽种群。

3. 黄河流域粮棉混作区

发生规律：山东、河北以及河南东部与北部地区以绿盲蝽为主，河南南部主要是中黑盲蝽，山西、河南中部两种盲蝽混合发生。绿盲蝽1年发生5代，中黑盲蝽1年4代，以滞育卵在田边杂草上和棉花枯枝落叶上越冬，越冬杂草寄主主要包括葎草、野艾蒿、艾蒿、野胡萝卜等。早春4月中、下旬越冬卵孵化，初孵若虫在越冬场所附近的葎草、野胡萝卜等杂草上发生1代。一代成虫在5月上、中旬羽化并部分迁入麦田、棉田（主要是直播棉田）及棉花苗床上为害，其余盲蝽仍在杂草上继续繁殖1代。二代成虫于6月中旬羽化并集中迁入棉田为害，三至五代主要在棉田内为害。自8月中、下旬起，四、五代成虫羽化并陆续迁出棉田到田边杂草上取食并产下滞育卵越冬。

测报重点：4月中旬至6月初系统监测棉田周围杂草上盲蝽发生情况，明确棉田外虫源基数。其中，5月上、中旬需调查直播棉田及棉花苗床盲蝽发生数量。6月中、下旬开始，系统监测棉田盲蝽迁入情况，做好迁入虫源测报工作。7～8月，定期监测棉田盲蝽发生数量及发育进度，指导生长季棉田防治工作。

防治对策：因盲蝽越冬卵大多数集中在农田周围杂草上，因此在3月前清除田边枯死杂草，可有效减少越冬基数。还有一部分卵随棉花枝叶脱落在土中越冬，这一时期可以通过土壤深耕细耙来降低棉田盲蝽越冬数量。4月下旬至5月中旬，在棉田周围杂草上混合喷洒杀虫剂和除草剂，毁减早春寄主、压低早春虫源。6月中、下旬,全力防治棉田迁入成虫,压低虫口基数。7~8月,重点防治棉田盲蝽。

4. 长江流域粮棉混作区

发生规律:江苏和安徽以绿盲蝽和中黑盲蝽混合发生,而湖北、湖南与江西则以中黑盲蝽为主。绿盲蝽1年发生5代,中黑盲蝽1年发生4~5代,三至四代为棉田主害代。两种盲蝽均以滞育卵在枯死杂草、棉花枯枝断茎内与铃壳中越冬。早春寄主主要包括蚕豆、桑树、蛇床、野艾蒿、小麦等,一代成虫羽化高峰在5月中旬,5月底部分成虫第一次迁入棉田,部分迁入苕子、甜叶菊以及胡萝卜、茼蒿、芹菜等蔬菜田;二代成虫发生高峰在蔬菜留种地收割后的6月下旬,成虫再次大量迁入棉田;三代成虫发生高峰在7月底;四代成虫发生高峰期在8月底9月初,部分成虫从棉田迁入葎草等杂草上产卵,以部分四代成虫和五代成虫在棉花、葎草、桑树断茬髓部等处产滞育卵越冬。

测报重点:4月中旬至6月初主要调查蚕豆、蔬菜留种地及田埂杂草上的盲蝽基数及其发生情况。5月下旬、6月下旬,监测两次棉田盲蝽迁入情况,做好迁入虫源测报工作。6月上旬起,系统监测棉田盲蝽发生数量与发育进度,指导科学防治。

防治对策:通过推行冬耕春翻,降低盲蝽越冬基数。在成虫迁入棉田前对棉田外寄主进行药剂防治。主要抓住两个关键时期,一是在4月下旬一代二、三龄若虫高峰期,进行棉田周边虫源早春寄主如蚕豆、杂草等寄主上盲蝽的防治,重视靠近虫源寄主田的棉花苗床内盲蝽的防治;二是于6月上旬二代二、三龄若虫高峰期,重点防治茼蒿、芹菜、胡萝卜等蔬菜留种田以及甜叶菊、蛇床等寄主上的盲蝽,可以减轻棉田盲蝽的防治压力。随后,还需大力防控棉田的迁入虫源。7~9月,集中防治棉田盲蝽。

5. 西北内陆果棉混作区

发生规律:牧草盲蝽在新疆南部1年发生4代。3月中、下旬温度9℃以上时,可在果树、杂草植株上出蛰活动;5月中、下旬出现第一代成虫和若虫,主要为害果树和杂草,并开始少量向生长旺盛的棉田转移。第二代发生高峰期在6月中、下旬至7月上旬,第三代发生在8月上、中旬,主要在棉花上发生为害;第四代若虫和成虫发生在9月中、下旬,在杂草、枯枝落叶及土缝内越冬。在新疆北部,牧草盲蝽1年发生3代。以成虫在杂草残体和落叶下越冬,翌年3~4月,平均气温10℃以上时,越冬成虫出蛰活动,先在果树、杂草上取食，6月上、中旬第一代成虫迁入棉田为害，7月下旬第二代成、若虫达到为害盛期，8月下旬出现第三代。9月下旬后，成虫迁出棉田，在落叶、枯死杂草下蛰伏越冬。

测报重点：自3月底开始，系统监测盲蝽出蛰活动动态，指导果树上盲蝽的防治。自6月中旬开始，系统监测棉花上的盲蝽发生量及发育进度，提出棉田迁入成虫的防治时期，并指导棉花生长季的盲蝽防控工作。

防治对策：3～5月，主要开展果树和田埂杂草上盲蝽的防控；6月中旬棉田迁入高峰期是盲蝽防治的关键时期；7～8月，进行棉田盲蝽的科学防治。

6. 西北内陆牧棉混作区

发生规律：牧草盲蝽为优势种，各代别的发生时期同果棉混作区，而不同季节的主要寄主种类有所差别。苜蓿是盲蝽全年的偏好寄主，早春主要取食苜蓿；夏季苜蓿、棉花都是主要寄主，苜蓿的定期刈割将迫使盲蝽成虫向邻近棉田转移，每次形成一个棉田成虫迁入高峰；冬季在棉田落叶、苜蓿茬下越冬。

测报重点：自3月下旬，开展苜蓿上盲蝽发生情况调查，明确棉田外虫源基数。自6月中旬，同时监测苜蓿和棉田盲蝽种群数量及发育进度，明确因苜蓿生育期或刈割致使盲蝽成虫迁入棉田时间和棉田盲蝽发生动态，指导科学防治。

防治对策：提倡在盲蝽若虫高峰期进行苜蓿刈割，恶化若虫食物条件，压低迁入棉田的种群数量；根据苜蓿刈割期，重点防治迁入棉田的盲蝽成虫。

7. 西北内陆粮棉混作区或棉花单作区

发生规律：各代牧草盲蝽的发生时期同果棉混作区。早春主要在杂草上发生，夏季进入棉田为害，秋、冬季再转移至棉田四周的枯枝落叶下越冬。

测报重点：自3月下旬，开展杂草上盲蝽发生情况调查，明确棉田外虫源基数。6月中旬，监测棉田盲蝽成虫迁入情况；之后，系统监测棉田盲蝽的发生动态，指导科学防治。

防治对策：6月之前，重点防治棉田周围杂草上的盲蝽，降低棉田外虫源基数；6月中旬，集中治理棉田内的入迁成虫；7～8月，系统开展棉田盲蝽种群治理。

表6-1　不同农田生态区盲蝽的季节发生规律及其防控对策

种植模式		年生活史中的关键时期				
		越冬期	越冬卵孵化期	早春发生期	棉田为害期	末代产卵期
黄河流域棉区		10月下旬至翌年4月上旬	4月中旬至5月上旬	4月下旬至6月中旬	6月中旬至9月上旬	9月中旬至10月中旬
果棉混作区	主要寄主	果树	果树	果树	棉花	果树
	测报重点	越冬卵基数	越冬卵孵化进度	早春虫源基数与发育进度	成虫迁入情况、棉田数量与发育进度	成虫回迁情况
	防治对策	通过果树修剪降低越冬卵基数	防治初孵若虫	治理果园早春虫源	防治棉田迁入成虫、控制种群发生	防治果园回迁虫
牧棉混作区	主要寄主	苜蓿茬、枯死杂草	苜蓿、杂草	苜蓿、杂草	棉花、苜蓿	苜蓿、杂草
	测报重点	早春虫源基数与发育进度			由苜蓿刈割导致成虫迁入棉田，棉田与苜蓿上发生数量与发育进度	
	防治对策	通过清除农田枯死杂草降低越冬卵量	治理苜蓿与农田杂草上早春虫源		防治棉田迁入成虫、协同控制棉花和苜蓿上的种群发生	

（续）

种植模式		年生活史中的关键时期				
		越冬期	越冬卵孵化期	早春发生期	棉田为害期	末代产卵期
粮棉混作区	主要寄主	枯死杂草、棉花残体		杂草	棉花	杂草、棉花
	测报重点			早春虫源基数与发育进度	成虫迁入情况、棉田发生数量与发育进度	
	防治对策	清除农田枯死杂草、棉田深耕细耙，降低越冬卵基数		治理农田四周杂草上的虫源并清除杂草	防治棉田迁入成虫，控制种群发生	
长江流域棉区 粮棉混作区		越冬期	越冬卵孵化期	早春发生期	棉田为害期	末代产卵期
		10月下旬至翌年4月上旬	4月上、中旬	4月上旬至6月中旬	5月下旬至9月上旬	9月中旬至10月中旬
	主要寄主	枯死杂草、棉花残体	蚕豆、杂草	蚕豆、蔬菜、小麦、杂草	棉花	杂草、棉花
	测报重点		早春虫源基数与发育进度		成虫迁入情况、棉田发生数量与发育进度	
	防治对策	清除农田枯死杂草、棉田深耕细耙，降低越冬卵基数	治理蚕豆、留种蔬菜、杂草上的虫源并清除		防治棉田迁入成虫，控制种群发生	

（续）

种植模式			年生活史中的关键时期		
西北内陆棉区			越冬期 9月下旬至翌年4月上旬	早春发生期 4月中旬至5月中旬	棉田为害期 5月中旬至9月下旬
果棉混作区	主要寄主		落叶	果树、杂草	棉花
	测报重点		越冬成虫基数与存活情况	出蛰时间、发生动态	成虫迁入情况、棉田发生数量与发育进度
	防治对策			治理果园早春虫源	防治棉田迁入成虫、控制种群发生
牧棉混作区	主要寄主		落叶	苜蓿	棉花
	测报重点		越冬成虫基数与存活情况	出蛰时间、发生动态	成虫迁入情况、棉田发生数量与发育进度
	防治对策			治理苜蓿上的虫源	防治棉田迁入成虫、控制种群发生
粮棉混作区	主要寄主		落叶	杂草	棉花
	测报重点		越冬成虫基数与存活情况	出蛰时间、发生动态	成虫迁入情况、棉田发生数量与发育进度
	防治对策			治理杂草上的虫源并清除杂草	防治棉田迁入成虫、控制种群发生

三、综合防治技术

（一）农业防治

1. 间作诱集植物 绿盲蝽喜好绿豆、蚕豆、向日葵等植物，中黑盲蝽、苜蓿盲蝽、牧草盲蝽偏好紫花苜蓿等植物，三点盲蝽嗜好扁豆等植物。这些寄主可用做盲蝽的诱集植物，种在田间（或田边）可将主栽作物上的盲蝽成虫吸引过去，从而减轻在主栽作物上的发生与为害。如，种植绿豆带可以减轻棉田绿盲蝽发生程度。

绿盲蝽从6月初侵入棉田到9月底迁出棉田前后3～4个月，而绿豆的生育期仅60～80d，因此在整个棉花生产期需要前后两次播种绿豆，即早播和晚播。于5月初在棉田一侧种植早播绿豆诱集带，7月初在早播诱集带的垂直方向种植晚播绿豆诱集带。早播诱集带优先种植在田埂侧面，因为田埂上的很多杂草都是绿盲蝽的早春寄主，这样种植可以隔断绿盲蝽从田埂向棉田的扩散，减少棉田绿盲蝽的侵入量，所以6月棉田绿盲蝽的数量一般较低。早播诱集带，每条设宽为1m，种植两行绿豆，在两条平行的棉田田埂各种植一条诱集带即可。晚播诱集带，种植在早播诱集带的垂直方向，每隔40m种植一条，每条诱集带宽1.5m，种植两行绿豆。绿豆尽可能种在相邻两行棉花的正中间，绿豆行与棉花行之间保留一些空间，便于后期进行虫情调查、施药等农事操作。

待绿豆出苗后，每隔10d调查一次诱集带上及棉田的绿盲蝽数量。自绿豆上发现绿盲蝽开始，即每10d对绿豆诱集带进行1次农药喷施，以控制诱集带上绿盲蝽的数量，从而降低棉田绿盲蝽的发生和为害；否则，随着诱集带上绿盲蝽种群数量的不断增加，绿盲蝽可能向棉田转移为害，诱集带反而成为了棉田绿盲蝽的虫源地。诱集带上进行化学防治时，先对靠近绿豆两侧的棉株进行喷雾，再对绿豆诱集带进行集中防治，这样可以避免诱集带上的成虫向棉田扩散，提高防控效果。对棉田绿盲蝽发生情况同样需做定期调查，如果因连续降雨等原因导致棉田绿盲蝽数量剧增并超过防治指标时，同样需对棉田及时实施化学防治。农药选用标准及使用技术参见"化学防治"部分。

河北廊坊、山东夏津等多地多年试验示范证明，棉田周围种植绿豆诱集带（图6-1），在诱集带作物上定期使用农药喷雾防治，棉田绿盲蝽能够得到有效控制，并大量减少棉田化学杀虫剂的使用次数，这样可节省大量的农药费用以及劳动力，同时还有利于棉田生态环境的优化和改善。最新研究表明，吡虫啉颗粒剂穴施和绿豆种子包衣可以替代喷药防治，简化绿豆诱集带上的化学防治方法。

图6-1 种植绿豆诱集带防治绿盲蝽
（封洪强提供）

2. 毁减越冬场所 绿盲蝽、中黑盲蝽、三点盲蝽、苜蓿盲蝽以卵在棉花、牧草、果树、杂草等植物的残茬、断枝切口处越冬，冬季至翌年3月为越冬卵集中防治期。主要措施包括：①结合果树冬季和早春修剪，剪除越冬卵所在的夏剪残桩（图6-2）。在山东沾化冬枣园的实践证明，此项技术能减少冬枣树上90%以上的绿盲蝽越冬卵量。②早春时分，通过刮去果树上的粗皮和翘皮，也可减少产于树皮上的盲蝽越冬卵。③部分卵随越冬寄主的枝叶脱落进入土壤，通过耕翻细耙，能使卵的孵化和初孵化若虫的出土受限制，从而减少有效卵量。④及时清除农田周围的枯死杂草。

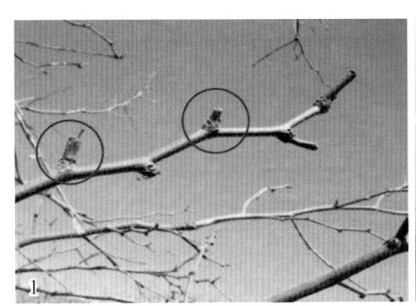

图6-2 剪除果树夏剪残桩（1）和残桩上的绿盲蝽卵（2）（门兴元提供）

牧草盲蝽以成虫蛰伏越冬，越冬场所主要在滨藜等杂草及树木的落叶下。初冬在开始结冰后、地面未积雪之前，清除这些杂草和枯枝烂叶使成虫失去越冬场所而冻死。

3. 清除早春寄主 盲蝽自越冬卵孵化（或越冬成虫出蛰）到入侵棉田期间间隔1个月左右。在这段时间内，盲蝽在早春寄主植物上生长活动、建立种群。盲蝽的早春寄主植物非常丰富，包括果树、栽培作物和杂草等。对栽培作物，可以采取栽培管理措施来消灭虫源。比如，调整苜蓿刈割时间，在盲蝽若虫期收割，可使若虫因食物匮乏而大量死亡。

早春杂草寄主上盲蝽虫源可以通过喷施除草剂或人工除草来控制。对于田埂上的杂草，可以选用灭生性的除草剂，每公顷用41%草甘膦150ml或10%草甘膦750ml兑水450kg进行喷雾。而对于作物田最好利用人工除草的方法，尽量不要使用除草剂，切勿使用灭生性除草剂，选用对后茬作物没有影响的除草剂品种，以避免除草剂残留对作物种植产生不良影响。另外，果树花期对除草剂特别敏感，切不可在果园及其四周使用除草剂。

4. 合理耕作布局　避免棉花与苜蓿、向日葵、枣树等，或者果树与蔬菜、牧草等地毗邻或间作，以减少盲蝽在不同寄主间交叉为害。

5. 科学施肥管理　合理运用肥水和化学调控，减少氮肥使用量，防止作物徒长，以恶化盲蝽的生存环境。另外，盲蝽属于喜湿昆虫，棉田适当推迟灌头水的时间，新疆推行细流沟灌的方式，可减轻当地棉田盲蝽发生程度。

对于棉花，需及时打顶，促使棉蕾老化，减轻受害；清除棉花无效边心、赘芽和花蕾，减少虫卵量；花蕾期，根据棉花长势还可喷施1~2次甲哌鎓（缩节胺），能缩短果枝，抑制赘芽，减少无效花蕾，甚至不须整枝，同样能减轻盲蝽的发生。当棉株受盲蝽为害而形成"破叶疯"或丛生枝时，往往徒长而不现蕾，应迅速采取措施，去除丛生枝，每株棉花保留1~2个主枝，可以使植株迅速恢复现蕾。整枝工作应尽可能争取提前进行，以便使棉株有较充裕的补偿时间来挽回被害后的损失。

（二）物理防治

1. 性诱　使用盲蝽性诱剂（主组分与配比）需与桶形诱捕器配套，诱捕器桶内倒入1~2cm深洗衣粉水，能有效杀死诱到的成虫。每公顷放置30~60个诱捕器；悬挂高度根据作物而定，果园挂在果树高度的2/3处、背阴面的枝条上（图6-3），棉田挂置位置高于棉株顶部15cm处。性诱剂诱芯成品为黑色塑料小瓶，需冷冻保存，使用过程中直接固定在诱捕器顶盖中心的小篮内，无需额外开口，每4周更换1次。虫情发生高峰时可酌情增加诱捕器数量及诱芯更换次数。

2. 灯光诱杀　盲蝽成虫有明显的趋光性，杀虫灯能诱集盲蝽成虫，灯外有高压电网，成虫扑网致死。每盏杀虫灯有效控制半径一般在100m之内，有效控制面积约为3hm^2。目前，杀虫灯在果园和棉田盲蝽防治中都已有较广泛的应用，对盲蝽的诱集效果很好，能大大降低虫口密度，进而减少化学农药的施用量，节约生产成本。

图6-3 果园设置诱捕器（张涛提供）

3. 色板诱杀 根据盲蝽对特定颜色的趋性（如绿盲蝽偏好绿色、黄色和蓝色等，中黑盲蝽偏好绿色和白色等），利用这些颜色的粘虫板进行诱杀。在果园，粘虫板可直接挂在透光性好的树枝上（图6-4），如树枝上枝叶过于茂密将影响粘虫板的诱虫效果。在作物田，可立一根竹竿，将粘虫板挂在上面。粘虫板挂置的高度由作物而定，一般高出作物15cm。要及时更换新的粘虫板或重刷粘虫胶，以免降低粘虫效果。

4. 阻隔分离 在进行喷雾防治或遇大风天气之后，大量盲蝽成虫和若虫落到地面，苏醒后常沿主干向植株上部转移。针对此特性可在生长季节于较粗植物的主干上增加一些阻隔分离措施，以阻止盲蝽转移至植株上部为害。具体方法如下：刮去果树树干的粗皮，先用塑料胶带在树干的中上部平滑处粘一闭合的胶带环，再往胶带上均匀涂抹粘虫胶，粘杀爬行上下树干上的盲蝽成虫和若虫（图6-5）。胶环的宽度视虫口密度而定，一般2～3cm，虫口密度大时，可以适当涂宽些。要防止将枯枝落叶和尘土等粘在胶环上，以免降低胶环的黏

图6-4 色板粘杀盲蝽（门兴元提供）

图6-5 胶环粘杀盲蝽（门兴元提供）

性，影响防治效果。胶环上粘满害虫时，必须及时清除或另行涂抹新胶。

早春茶园绿盲蝽越冬卵孵化后，若虫直接为害春茶，常导致严重损失。因此，在初秋用防虫网将茶树罩住（图6-6），阻止盲蝽成虫飞进茶园在茶树

上产卵，可有效减低越冬卵量以及翌年发生为害。这种防治手段的成本比较高，但在春茶等绿色生产要求和经济附加值高的特种作物上可以考虑，在一些地方生产中也有使用。

5. 驱避剂　绿盲蝽驱避剂的组分为二甲基二硫醚（DMDS），目前已在我国登记注册为棉田的一种杀螨剂。田间喷施的浓度为有效成分

图6-6　防虫网隔离防虫（门兴元提供）

$10.6\,mg/L$，使用量为$750\,L/hm^2$。喷施后绿盲蝽成虫密度大大减少，且驱避效果可持续6d。此外，将二甲基二硫醚和液体石蜡按$1:10 \sim 1:20$的体积比混合后，装入容积为2.0 ml的聚乙烯（PE）小瓶内，密封后将其悬挂在棉田或果园内，持效期可达$15 \sim 30d$，可用于维持二甲基二硫醚对绿盲蝽长期持续的驱避效果。

（三）生物防治

1. 寄生蜂饲养与释放　红颈常室茧蜂是盲蝽若虫寄生蜂，目前已实现室内规模化饲养（图6-7）。该寄生蜂主要寄生二、三龄若虫，因此选择在盲蝽卵的孵化高峰期释放寄生蜂蛹（图6-8）。释放前，调查田间盲蝽密度，再决定释放量和适宜的释放次数。按红颈常室茧蜂蛹与绿盲蝽若虫比为$1:50$左右进行释放，间隔$5 \sim 7d$，连续释放$2 \sim 3$次，防治效果可达到80%左右。

2. 天敌保护利用　使用对天敌较安全的选择性农药来防治盲蝽，可减少

图6-7　室内规模化饲养红颈常室茧蜂（罗素萍提供）

对天敌昆虫的杀伤作用。并通过改进施药方法，比如滴芯、涂茎等针对目标害虫的局部施药，减少地毯式的药剂喷雾，可以减少或避免天敌直接接触农药，有助于天敌种群的增殖和发挥有效的控害作用。同时，改进农事操作，创造有利于天敌种群增长的有利环境，以保护利用自然天敌。

图6-8　田间释放红颈常室茧蜂蛹
（罗素萍提供）

3. 喷施植物源杀虫剂　在盲蝽若虫孵化高峰期，用0.3%苦参碱水剂800倍液、0.5%藜芦碱1 000倍液喷雾，防治效率一般为40%～60%，可以在有机果园、茶园使用。

（四）化学防治

1. 防治方法

喷雾：药剂喷雾是化学防治盲蝽最常用的一种方法。通过比对黄河流域、长江流域和西部内陆棉区现有的棉田盲蝽防治指标，可以发现各地的防治指标差异不大。为此，建议生产上采用这一防治指标：二代（苗期、蕾期）盲蝽百株5头，或棉株新被害株率达3%；三代（蕾花期）盲蝽百株有虫10头，或新被害株率5%；四代（花铃期）盲蝽百株虫量20头。盲蝽喷雾防治的适期为二至三龄若虫发生高峰期。

当前，对盲蝽防治效果比较好的农药及每公顷有效成分使用量：5%丁烯氟虫腈乳油150～200ml、10%联苯菊酯乳油450～600ml、40%毒死蜱乳油600～900ml、40%灭多威可溶性粉剂525～750g、35%硫丹乳油475～625ml、45%马拉硫磷乳油1 200～1 500ml、10%烯啶虫胺水剂650～800ml、70%吡虫啉水分散粒剂300～450g、20%啶虫脒可湿性粉剂900～1 200g、20%噻虫胺悬浮剂250～350g、25%噻虫嗪水分散粒剂150～200g、50%氟啶虫胺腈水分散粒剂100～200g。

在利用化学药剂防治盲蝽时，务必注意以下几点：①做好虫情调查。务必认真做好虫情调查，并按照防治指标进行科学防治。②把握防治关键期。盲蝽从早春寄主迁入寄主作物田时是防治的关键时间，应用足药量，杀死入侵的盲蝽个体，这样可以有效减少作物田盲蝽的种群基数，压低种群暴发成灾的可能性；连续降雨后田间常出现盲蝽种群数量剧增、为害加重的现象，因此在雨水多的季节应及时抢晴防治。③科学施用农药。要积极选用选择性强的农药防治盲蝽，以较好地实现化学防治与自然天敌保护利用的协调；提倡农药的混用和轮用，以提高防治效果、拓展防治对象、降低防治成本及延缓抗药性发展；利用功率较大的机械喷雾或由作物四周向中心喷药，使成虫不易逃避药雾的沾染，防治效果更好。由于盲蝽隐蔽性和移动能力强，一般需间隔1周、连续用药2次以上，才能达到较好的防治效果。

此外，在3月中、下旬果树发芽前，采用30%石硫·矿物油微乳剂或石硫合剂进行清园，喷药时要求细喷雾，树冠上下、内外喷雾周到，直至枝叶滴水为佳。秋后采收以后再进行一次清园。这能降低盲蝽越冬卵存活率，并能控制树干表面的其他多种病菌和害虫。

熏杀：对于棉花苗床可以通过熏杀来防治盲蝽。每公顷使用50%敌敌畏乳油750～1 125g，加水11.25～15L，拌细土375kg，于傍晚盖膜前撒入苗床，对二至四龄若虫防效可达98.5%～100%。也可以在苗床挂一个蚕豆大小的敌敌畏棉球熏蒸。从第一次苗床揭膜通风时开始使用，2～3d换1次，连续换3～4次，即可控制苗床"无头苗"的产生。

其他：在棉花根部施用吡虫啉颗粒剂穴施或灌根，每公顷有效成分用量为1 500g时，防治绿盲蝽的持效期可达110d，控制效果明显。

2. 用药时期

早春用药：4月底至5月初，一代卵孵化后，主要集中在早春杂草寄主上为害，可向田边杂草上喷洒马拉硫磷等低成本药剂，有效压低虫源基数。

播种时用药：棉花播种时使用新烟碱类药剂包衣或颗粒剂穴施。

蕾期用药：即6月底至7月上旬，此阶段盲蝽主要以若虫在棉株上为害，若虫尽管活动速度快，但其活动范围局限于棉株附近，可施用丁烯氟虫腈、联苯菊酯等高效药剂进行防治。

花铃期用药：即7月中旬至8月中、下旬，棉花长势旺盛期，幼嫩组织较多，棉田盲蝽发生量大，可交替施用丁烯氟虫腈、毒死蜱、联苯菊酯和硫丹等药剂进行防治。施药时要做到及时周到，集中统一防治，由棉田四周向中间进行喷雾防治。

生长后期用药：即9月中、下旬，末代成虫发生盛期之后，由于棉花逐渐衰老，盲蝽转移至绿豆、蔬菜、果树、蒿类、葎草等其他作物或杂草上，在以上寄主上施用马拉硫磷等药剂，降低虫口数量，减少落卵量。此时期还可使用灭生性除草剂如百草枯、草甘膦等清除田头、地边、沟渠旁杂草，并及时铲除寄主作物，消灭盲蝽越冬场所和食源。

四、防治技术规程

（一）棉花

长江流域棉区以中黑盲蝽和绿盲蝽为主要种类；黄河流域棉区以绿盲蝽、中黑盲蝽、苜蓿盲蝽和三点盲蝽为主要种类；西北内陆棉区以牧草盲蝽、苜蓿盲蝽和绿盲蝽为主要种类。

1. 防治策略 依据各棉花种植生态区盲蝽的发生规律和为害特点，实行分区治理对策。果棉混作区、粮棉混作区、棉花单作区和牧棉混作区，秋冬至早春压低棉田周围果树、杂草、苜蓿等越冬和早春寄主上的虫量，压低虫源基数；在棉花生长期，以性诱剂、灯光诱杀、释放寄生蜂为基础，结合药剂防治，狠治迁入成虫，实行连片统一防治，持续控制为害。

2. 防治技术要点

（1）农业防治

清除越冬寄主和场所：秋冬和早春及时清除棉花秸秆、枯枝烂叶和枯死杂草，结合冬春季果树修剪，清除断枝残茬等盲蝽越冬卵集中分布场所；有条件的可实行棉田秋耕冬灌。

合理作物布局：尽量避免棉花与果树、牧草等盲蝽主要越冬和早春寄主邻作或间作。

水肥和农事管理：合理运用肥水和化学调控，防止棉花徒长，抑制赘芽，减少无效花蕾；同时清除棉花无效边心、赘芽和花蕾。

（2）诱杀防治。根据盲蝽的监测动态，从棉花苗期成虫迁入棉田开始至吐絮期，采用性诱和灯诱等诱杀成虫措施，提倡统一连片应用，以提高诱杀效果。

性诱剂诱杀：每公顷悬挂桶形诱捕器30～60个。诱捕器设置高度，棉花苗期和蕾期诱捕器底端距地面1m，花铃期诱捕器底端高于棉株冠层15cm。在诱捕器中央放置盲蝽性诱剂诱芯，诱芯1个月更换1次，7d清理1次诱捕器。各棉区依据当地优势盲蝽种类确定性诱剂种类（不同种类盲蝽性诱剂主要成分配比和含量见附录A表A.1）。

灯光诱杀：每2～3 hm^2设置1台20W杀虫灯，灯管下端离地面1.5m。每日19时开灯，次日6时关灯。各棉区依据当地优势盲蝽种类确定一种波长的灯管（诱杀盲蝽可选择的灯具波长见附录A表A.2），每年更换新灯管。

（3）释放寄生蜂。在各代盲蝽卵孵化高峰期，释放红颈常室茧蜂，按盲蝽若虫与寄生蜂成虫50∶1的比例释放，每公顷设30～45个释放点，均匀释放。放蜂时，用牙签将纸蜂袋别在棉株顶部叶片背面的主叶脉上。间隔5~7d释放第二次，连续释放2~3次。释放期间注意避免使用对寄生蜂有影响的药剂，以免降低防治效果。

（4）化学防治。当盲蝽虫口密度达防治指标时，采用药剂防治。各棉区防治指标，二代（苗期、蕾期）新被害株率达3%，黄河流域与长江流域棉区百株虫量为5头；三代（蕾期、花铃期）百株虫量为10头；四代（花铃期）百株虫量20头。防治适期在各代二、三龄若虫发生高峰期。

防治药剂可选用新烟碱类、有机磷类、拟除虫菊酯类、苯基吡唑类杀虫剂，按规定用量进行喷雾防治（棉田盲蝽防治药剂及用量见附录A表A.3），注意不同类别药剂交替或混合使用，以延缓产生抗性。每公顷喷雾用水量，棉花苗期300~450 kg、蕾期525~675 kg、花铃期900~1 350 kg。选用机动喷雾器弥雾喷雾，由棉田四周向中心喷药。当盲蝽中等偏重及以上程度发生时，需连续用药2次、间隔1周。成虫发生期，应统一防治。施药时间以10时之前或16时之后为宜，防止发生中毒事故。

3. **防治技术组装** 在棉花不同生育期，根据表6-2将防控技术进行组装应用。

表6-2　棉花各生育期盲蝽防控技术模式

	防治技术	播种前	苗期	蕾期	花期	铃期
农业防治	合理作物布局	✓				
	清理越冬场所	✓				
	清除早春寄主	✓	✓			
	科学施肥管理		✓	✓		
	性诱剂诱杀		✓	✓	✓	✓
	灯光诱杀		✓	✓	✓	✓
	寄生蜂释放		✓	✓	✓	✓
	化学防治		✓	✓	✓	✓

4. **防治效果评价**

（1）防治效果评价。盲蝽药剂防治效果调查可在每次施药后5~7d进行。选择代表性棉田3块，每块田固定5点，每点查10株，分别于防治前和防治后调查盲蝽成虫和若虫的数量、新被害株率，与非防治区虫量或新被害株率比较，计算防治效果（计算方法见附录B）。

（2）防治记录。建立防治台账，记录每次防治时间、用药品种和剂量及防治效果等内容（见附录C）。记录保存时间不少于2年。

附录A　盲蝽防治投入品

表A.1　不同种类盲蝽性诱剂主要成分配比和含量

种　类	主要成分	配比	诱芯有效成分含量
绿盲蝽	4-氧代-反-2-己烯醛，丁酸-反-2-己烯酯	3：2	
中黑盲蝽	4-氧代-反-2-己烯醛，丁酸己酯	1：10	
苜蓿盲蝽	4-氧代-反-2-己烯醛，丁酸-反-2-己烯酯，丁酸己酯	1：2：0.02	20 μg/个
三点盲蝽	4-氧代-反-2-己烯醛，丁酸己酯	1：11	
牧草盲蝽	4-氧代-反-2-己烯醛，丁酸-反-2-己烯酯，丁酸己酯	2：3：1.2	

表A.2　灯光诱杀盲蝽灯具的波长

种　类	波长（nm）
绿盲蝽	465nm（蓝光）、620nm（粉光）、456nm（淡粉光）
中黑盲蝽	540nm（绿光）、456nm（淡粉光）、620nm（粉光）、465nm（蓝光）、365nm（黑光）
苜蓿盲蝽	418nm（蓝紫光）、465nm（蓝光）、620nm（粉光）
三点盲蝽	465nm（蓝光）、620nm（粉光）
牧草盲蝽	418nm（蓝紫光）、465nm（蓝光）、620nm（粉光）、365nm（黑光）

表A.3　棉田盲蝽防治药剂及用量

药剂类别	药剂名称	制剂用量（hm²）
新烟碱类	10%烯啶虫胺水剂	650～800 ml
	70%吡虫啉水分散粒剂	300～450 g
	20%啶虫脒可湿性粉剂	900～1200 g

(续)

药剂类别	药剂名称	制剂用量（hm²）
新烟碱类	20%噻虫胺悬浮剂	250～350 ml
	25%噻虫嗪水分散粒剂	150～200 g
	50%氟啶虫胺腈水分散粒剂	100～200 g
苯基吡唑类	5%丁烯氟虫腈乳油	150～200 ml
拟除虫菊酯类	10%联苯菊酯乳油	450～600 ml
有机磷类	45%马拉硫磷乳油	1200～1500 ml
	40%毒死蜱乳油	600～900 ml

附录B 药剂防治效果计算方法

（一）利用虫量计算防治效果

B.1 虫口减退率，按式（1）计算：

$$D = \frac{N_0 - N_1}{N_0} \times 100\% \quad\text{（1）}$$

式（1）中：

D：虫口减退率，单位为百分数（%）；

N_0：防治前虫量（头）；

N_1：防治后虫量（头）。

B.2 防治效果，按式（2）计算：

$$P = \frac{D_0 - D_{ck}}{100\% - D_{ck}} \times 100\% \quad\text{（2）}$$

式（2）中：

P：防治效果，单位为百分数（%）；

D_0：防治区虫口减退率，单位为百分数（%）；

D_{ck}：空白对照区虫口减退率，单位为百分数（%）。

（二）利用新被害株率计算防治效果

B.3 新被害株率，按式（3）计算：

$$I = \frac{N_d}{N} \times 100\% \quad\text{（3）}$$

式（3）中：

I：新被害株率，单位为百分数（%）；

N_d：新被害株数；

N：调查总株数。

B.4　防治效果，按式（4）计算：

$$P = \frac{I_{ck}-I_t}{I_{ck}} \times 100\% \quad\dotfill (4)$$

式（4）中：

P：防治效果，单位为百分数（%）；

I_t：防治区新被害株率，单位为百分数（%）；

I_{ck}：空白对照区新被害株率，单位为百分数（%）。

附录C　防治台账

表C.1　盲蝽药剂防治台账

农户姓名：_____ 　　　　　　　　　　　　　　　　棉田面积：____

防治日期（月／日）	棉花生育期	盲蝽代次	药剂名称	用药量	防治效果（%）	备注*

注：备注天气状况等。

如一次施用两种或以上药剂的混剂，应分别记录农药名称和用药量。

（二）果树

为害果树的盲蝽种类，黄河流域、长江流域果棉混作区（含果树单作区）以绿盲蝽为主要种类；西北内陆果棉混作区（含果树单作区）以牧草盲蝽和绿盲蝽为主要种类。

1. 防治策略　依据各果树生态区盲蝽的发生规律和为害特点，实行分区治理对策。果棉混作区和果树单作区，以农业防治、释放寄生蜂、性诱杀、灯光诱杀为基础，结合药剂防治，降低果园越冬代虫源基数以及控制一、二代盲蝽为害；其余代别主要防治果园周围棉花、杂草等夏季寄主上的盲蝽种群。

2. 防治技术要点

（1）农业防治

清除越冬寄主和场所：西北内陆地区，冬季地面积雪前，清除果园枯死杂草和枯枝落叶。黄河流域、长江流域等其他地区，结合冬春果树修剪，剪除绿盲蝽越冬卵所在的枯死残桩；3月中旬前，刮除树干及枝杈处的粗皮，并带离果园集中处理。

合理作物布局：尽量避免与棉花、牧草等夏季主要寄主邻作或间作。

（2）诱杀防治。根据盲蝽的监测动态，自一代成虫羽化开始至二代成虫发生（即花期和幼果期），采用性诱和灯诱等物理方法诱杀成虫措施，提倡统一连片应用，提高诱杀效果。

性诱剂诱杀：每公顷悬挂桶形诱捕器30～60个。挂置在果树中部枝条外围树荫处，诱捕器底端高于地面1.5m。在诱捕器中央放置盲蝽性诱剂诱芯，诱芯1个月更换1次，7d清理1次诱捕器。各地区依据当地优势盲蝽种类确定性诱剂种类（不同种类盲蝽性诱剂主要成分配比和含量见"棉花"附录A表A.1）。

灯光诱杀：每2～3hm²设置1台20W杀虫灯，灯管下端离地面1.5m。每日19时开灯，次日6时关灯。各地区依据当地优势盲蝽种类确定一种波长的灯管（诱杀盲蝽可选择的灯具波长见"棉花"附录A表A.2），每年更换新灯管。

（3）物理隔离。4月上旬，在距离地面20cm高的树干（葡萄树不适用）缠绕一圈3～5cm胶带，在胶带上涂上粘虫胶，粘捕沿树干上下爬行的盲蝽个体。

（4）释放寄生蜂。在各代盲蝽卵孵化高峰期，释放红颈常室茧蜂，按盲蝽若虫与寄生蜂成虫50：1的比例释放，每公顷设30～45个释放点，均匀释放。放蜂时，用牙签将纸蜂袋别在果树中部叶片背面的主叶脉上，距离地面1.5m。间隔5～7d释放第二次，连续释放2～3次。释放期间注意避免使用对寄生蜂有影响的药剂，以免降低防治效果。

（5）化学防治。当盲蝽虫口密度达防治指标时，采用药剂防治。果树抽枝展叶期防治指标为每百芽（梢）虫量2头，花期和幼果期为每百芽（梢）虫量5头。防治适期在一、二代二、三龄若虫发生高峰期。

防治药剂可选用新烟碱类、有机磷类、拟除虫菊酯类、苯基吡唑类杀虫剂，按规定用量进行喷雾防治（果园盲蝽防治药剂及用量见附录A表

A.1），注意不同类别药剂交替或混合使用，以延缓产生抗性。每公顷喷雾用水量，葡萄为900 ～ 1 350 kg，枣、苹果、梨、桃、樱桃（成株期）为3 000 ～ 6 000 kg。药液中添加0.1%农用有机硅助剂，可以减少50%的用水量。选用机动喷雾器弥雾喷雾，由果园四周向中心喷药。当盲蝽中等偏重及以上程度发生时，需连续用药2次、间隔1周。成虫发生期，应统一防治。施药时间以10时之前或16时之后为宜，以防发生中毒事故。果树花期喷药一定要按药剂说明书推荐浓度施用，浓度不可过高，否则极易产生药害。水果采收期前20 d需停止用药。

西北内陆地区：4月中、下旬，越冬代成虫出蛰高峰时，进行一次化学防治，间隔10 ～ 15 d后再防治一次；5月中旬至6月中旬，依发生情况进行防治。黄河流域、长江流域等其他地区：4月初，果树萌芽前，喷施一次3 ～ 5波美度石硫合剂；4月初至5月中旬，每次雨后第二天，喷药防治一次；5月中旬至6月中旬，依发生情况进行防治。9月，越冬代成虫回迁高峰期，连续喷药防治2次。

3. 防治技术组装　在果树不同生育期，根据表6-3将防控技术进行组装应用。

表6-3　果树各生育期盲蝽防控技术模式

防治技术		萌芽前	抽枝展叶期	花期	幼果期
农业防治	合理作物布局	✓			
	清理越冬场所	✓			
性诱剂诱杀				✓	✓
灯光诱杀				✓	✓
胶带隔离			✓		
寄生蜂释放			✓	✓	✓
化学防治		✓	✓	✓	✓

4. 防治效果评价

（1）防治效果评价。盲蝽药剂防治效果调查可在每次施药后5 ～ 7 d进行。选择代表性果园3块，每块田固定5点、每点10个新梢，分别于防治前和防治后调查盲蝽成虫、若虫的数量、新梢新被害率，与非防治区虫量或新梢新被害率比较，计算防治效果（计算方法见附录B）。

（2）防治记录。建立防治台账，记录每次防治时间、用药品种和剂量及防治效果等内容（见附录C）。记录保存时间不少于2年。

附录A　盲蝽防治投入品

表A.1　果园盲蝽防治药剂及用量

药剂类别	药剂名称	制剂用量（hm²）
新烟碱类	10%烯啶虫胺水剂	650 ~ 800 ml
	70%吡虫啉水分散粒剂	300 ~ 450 g
	20%啶虫脒可湿性粉剂	900 ~ 1 200 g
苯基吡唑类	5%丁烯氟虫腈乳油	150 ~ 200 ml
拟除虫菊酯类	10%联苯菊酯乳油	450 ~ 600 ml
有机磷类	40%毒死蜱乳油	750 ~ 1 125 ml

附录B　药剂防治效果计算方法

（一）利用虫量计算防治效果

B.1　虫口减退率，按式（1）计算：

$$D = \frac{N_0 - N_1}{N_0} \times 100\% \quad\text{................................}\quad (1)$$

式（1）中：

D：虫口减退率，单位为百分数（%）；

N_0：防治前虫量（头）；

N_1：防治后虫量（头）。

B.2　防治效果，按式（2）计算：

$$P = \frac{D_0 - D_{ck}}{100\% - D_{ck}} \times 100\% \quad\text{................................}\quad (2)$$

式（2）中：

P：防治效果，单位为百分数（%）；

D_0：防治区虫口减退率，单位为百分数（%）；

D_{ck}：空白对照区虫口减退率，单位为百分数（%）。

（二）利用新梢新被害率计算防治效果

B.3　新梢新被害率，按式（3）计算：

$$I = \frac{N_d}{N} \times 100\% \quad\dots\dots\dots\dots\dots\dots\dots (3)$$

式（3）中：

I：新梢新被害率，单位为百分数（%）；

N_d：新被害梢数；

N：调查新梢总数。

B.4　防治效果，按式（4）计算：

$$P = \frac{I_{ck} - I_t}{I_{ck}} \times 100\% \quad\dots\dots\dots\dots\dots\dots (4)$$

式（4）中：

P：防治效果，单位为百分数（%）；

I_t：防治区新梢新被害率，单位为百分数（%）；

I_{ck}：空白对照区新梢新被害率，单位为百分数（%）。

附录C　防治台账

（资料性附录）

表C.1　盲蝽药剂防治台账

农户姓名：_____　　　　　　　　　　　　　　　　果园面积：____

防治日期（月／日）	果树生育期	盲蝽代次	药剂名称	用药量	防治效果（%）	备注*

注：备注天气状况等。

如一次施用两种或以上药剂的混剂，应分别记录农药名称和用药量。

（三）茶树

为害茶树的盲蝽是绿盲蝽 [*Apolygus lucorum* (Meyer-Dür)]。

1. 防治策略　依据各茶树生态区盲蝽的发生规律与为害特点，实行分区治理对策。以农业防治、性诱剂诱杀、灯光诱杀、释放寄生蜂为基础，结合药剂防治，秋冬降低茶园末代成虫、越冬卵基数，早春控制一代若虫为害。其余代别主要防治茶园周围杂草等其他寄主上的盲蝽种群。

2. 防治技术要点

（1）农业防治。茶树发芽前，结合春季修剪，清除枯死枝，将修剪下的枝梢连同枯死枝一起清出园外。

（2）诱杀防治。根据盲蝽的监测动态，自秋季成虫迁入茶园开始至末代成虫期结束，进行性诱和灯诱等诱杀成虫措施，提倡统一连片应用，以提高诱杀效果。

性诱剂诱杀：每公顷悬挂桶形诱捕器30～60个。诱捕器设置高度，诱捕器底端高于茶树顶部15 cm。在诱捕器中央放置盲蝽性诱剂诱芯（见"棉花"附录A表A.1），诱芯1个月更换1次，7d清理1次诱捕器。

灯光诱杀：每2～3 hm² 设置1台20W杀虫灯，灯管下端离地面1.5 m。每日19时开灯，次日6时关灯。诱杀绿盲蝽可选择的灯具波长见"棉花"附录A表A.2，每年更换新灯管。

（3）物理隔离。自秋季成虫迁入茶园开始至末代成虫期结束，用30～40目*防虫网覆盖茶园，阻止盲蝽在茶树上产卵。

（4）释放寄生蜂。在早春盲蝽越冬卵孵化高峰期，释放红颈常室茧蜂，按盲蝽若虫与寄生蜂成虫50∶1的比例释放，每公顷设30～45个释放点，均匀释放。放蜂时，用牙签将纸蜂袋别在茶树顶部叶片背面的主叶脉上。间隔5～7 d释放第二次，连续释放2～3次。释放期间注意避免使用对寄生蜂有影响的药剂，以免降低防治效果。

（5）化学防治

春季：当虫量达百芽1头或观察到茶芽出现被害的小红点后3～5 d，可选用植物源、新烟碱类、拟除虫菊酯类杀虫剂，有机茶园应选用生物农药，按规定用量进行喷雾防治（茶园盲蝽防治药剂及用量见附录A表A.1）；每公顷喷雾用水量为900～1 350 kg，注意不同类别药剂交替或混合使用，以延缓产生抗性。严格执行用药安全间隔期，以及执行各地茶园的农药使用具体要求。

秋季：绿盲蝽成虫迁入茶园时，可选用新烟碱类、有机磷类、拟除虫菊酯类杀虫剂，按规定用量进行喷雾防治（茶园盲蝽防治药剂及用量见附

---

* 目为非法定计量单位，30～40目对应的孔径为0.425～0.6 mm。

录A表A.1）。每公顷喷雾用水量为900～1 350 kg。间隔10d左右再喷药
一次。

初冬：用3～5波美度石硫合剂，进行全面喷雾封园。

3.防治技术组装　在茶园不同时期，根据表6-4将防控技术进行组装
应用。

表6-4　茶树不同时期盲蝽防控技术模式

防治技术	早春	秋季	冬季
茶树修剪	✓		
性诱剂诱杀		✓	
灯光诱杀		✓	
化学防治	✓	✓	✓

4.防治效果评价

（1）防治效果评价。盲蝽药剂防治效果调查可在每次施药后5～7d进
行。选择代表性茶园3块，每块田固定5点，每点10个新梢，在防治前和防
治后分别调查盲蝽成虫和若虫的数量、新梢新被害率，与非防治区虫量、新
梢新被害率比较，计算防治效果（计算方法见"果园"附录B）。

（2）防治记录。建立防治台账，记录每次防治时间、用药品种和剂量及
防治效果等内容（见附录B）。记录保存时间不少于2年。

附录A　盲蝽防治投入品

表A.1　茶园盲蝽防治药剂及用量

季节	药剂类别	药剂名称	制剂用量（hm²）或稀释倍数
春季	植物源	0.3%苦参碱水剂	800倍液
		0.5%藜芦碱可溶性粉剂	1000倍液
	新烟碱类	70%吡虫啉水分散粒剂	300～450 g
		20%啶虫脒可湿性粉剂	900～1200 g
	拟除虫菊酯类	10%联苯菊酯乳油	450～600 ml

（续）

季节	药剂类别	药剂名称	制剂用量（hm²）或稀释倍数
秋季	新烟碱类	70%吡虫啉水分散粒剂	300 ~ 450 g
		20%啶虫脒可湿性粉剂	900 ~ 1200 g
	拟除虫菊酯类	10%联苯菊酯乳油	450 ~ 600 ml
	有机磷类	45%马拉硫磷乳油	1200 ~ 1500ml

附录B 防治台账

表B.1 盲蝽药剂防治台账

农户姓名：_____　　　　　　　　　　　　　　　　　　　　茶园面积：_____

防治日期（月／日）	茶树生育期	盲蝽代次	药剂名称	用药量	防治效果（%）	备注*

注：备注天气状况等。

如一次施用两种或以上药剂的混剂，应分别记录农药名称和用药量。

（四）苜蓿

为害苜蓿的盲蝽，长江流域以中黑盲蝽和绿盲蝽为主要种类，黄河流域以绿盲蝽、中黑盲蝽、苜蓿盲蝽和三点盲蝽为主要种类，西北内陆以牧草盲蝽、苜蓿盲蝽和绿盲蝽为主要种类。

1. **防治策略**　依据各苜蓿生态区盲蝽的发生规律与为害特点，实行分区治理对策。牧棉混作区，秋冬至早春降低苜蓿上的越冬虫源量；其余时期，以农业防治、性诱剂诱杀、灯光诱杀为基础，结合药剂防治，持续控制为害。

2. **防治技术要点**

（1）农业防治。尽量避免与果树、棉花邻作或间作。冬春清除苜蓿田作物残体与枯死杂草，有条件的应进行冬灌，压低越冬虫源基数。

（2）诱杀防治。根据盲蝽的监测动态，自春季成虫发生开始至秋季成虫消失，采取性诱和灯诱等诱杀成虫措施，提倡统一连片应用，以提高诱杀效果。

性诱剂诱杀：每公顷悬挂桶形诱捕器30 ~ 60个。诱捕器设置高度，苜期诱捕器底部高于地面1 m，其余时期诱捕器底部高于苜蓿冠层15 cm。在诱捕器中央放置盲蝽性诱剂诱芯，诱芯1个月更换1次，7d清理1次诱捕器。各地区依据当地优势盲蝽种类确定性诱剂种类（不同种类盲蝽性诱剂主要成分配比和含量见"棉花"附录A表A.1）。

灯光诱杀：每2～3 hm^{2}设置1台20W杀虫灯，灯管下端离地面1.5 m。每日19时开灯，次日6时关灯。各地区依据当地优势盲蝽种类确定一种波长的灯管（诱杀盲蝽可选择的灯具波长见"棉花"附录A表A.2）。

（3）化学防治。当盲蝽虫口密度达防治指标时，采用药剂化学防治。第一茬苜蓿防治指标为8头/m^2，其余时期防治指标为20头/m^2。

防治药剂可选用新烟碱类、有机磷类、拟除虫菊酯类杀虫剂，按规定用量进行喷雾防治（苜蓿田盲蝽防治药剂及用量见附录A表A.1），注意不同类别药剂交替或混合使用，以延缓产生抗性。每公顷喷雾用水量为300～450 kg。选用机动喷雾器弥雾喷雾，由苜蓿田四周向中心喷药。当盲蝽中等偏重及以上程度发生时，需连续用药2次、间隔7 d。成虫发生期，应统一防治。施药时间以10时之前或16时之后为宜，以防发生中毒事故。施药安全间隔期（最后一次施药至收获或饲用时允许的间隔天数）20 d。

3. 防治技术组装　在苜蓿不同生长时期，根据表6-5将防控技术组装应用。

表6-5　苜蓿不同生长时期盲蝽防控技术模式

防治技术		冬季至春季发芽前	苗期
农业防治	合理作物布局	✓	
	清理越冬场所	✓	
	贴地刈割		✓
性诱剂诱杀			✓
灯光诱杀			✓
释放寄生蜂			✓
化学防治			✓

4. 防治效果评价

（1）防治效果评价。盲蝽药剂防治效果调查可在每次施药后5～7 d进行。选择代表性苜蓿田3块，每块田固定5点，每点查10株，在防治前和防治后分别调查盲蝽成虫和若虫的数量、新被害株率，与非防治区虫量、新被害株率比较，计算防治效果（计算方法参见"棉花"附录B）。

（2）防治记录。建立防治台账，记录每次防治时间、用药品种和剂量及防治效果等内容（见附录B）。记录保存时间不少于2年。

附录A　盲蝽防治投入品

表A.1　苜蓿田盲蝽防治药剂及用量

药剂类别	药剂名称	制剂用量（hm²）
新烟碱类	10%吡虫啉可湿性粉剂	750 g
	50%氟啶虫胺腈水分散粒剂	375 g
	5%丁烯氟虫腈乳油	450 ~ 750 ml
拟除虫菊酯类	10%联苯菊酯乳油	450 ~ 600 ml
有机磷类	45%马拉硫磷乳油	1 200 ~ 1 650 ml

附录B　防治台账

表B.1　盲蝽药剂防治台账

农户姓名：_____　　　　　　　　　　　　　　苜蓿田面积：____

防治日期（月／日）	苜蓿生育期	盲蝽代次	药剂名称	用药量	防治效果（%）	备注*

注：备注天气状况等。

如一次施用两种或以上药剂的混剂，应分别记录农药名称和用药量。

参 考 文 献

蔡晓明，封洪强，原国辉，等．2005.中黑盲蝽人工饲料的初步研究[J]．植物保护，31:45-47.

蔡晓明，吴孔明，原国辉．2008.中黑盲蝽在几种寄主植物上取食行为的比较研究[J]．中国农业科学，41: 431-436.

仓健，张英健，徐文华，等．1989.中黑盲蝽对花铃期棉花危害的损失因素分析[J]．植物保护，15: 21-22.

曹赤阳，万长寿．1983.棉盲蝽的防治[M]．上海：上海科学技术出版社．

曹瑞麟．1986.棉盲蝽象天敌资源调查及捕食能力观察[J]．中国生物防治，4: 40.

曹扬，吴敌，赵秋剑，等．2012.不同棉花品种（系）抗盲蝽田间鉴定与评价[J]．应用昆虫学报，49: 917-922.

陈瀚，毛红，褚艳娜，等．2012.利用色板诱集棉盲蝽的效果研究[J]．应用昆虫学报，49: 454-458.

陈进和，王永山，陈华．2008.江苏沿海转*Bt*基因抗虫棉棉盲蝽重发原因及可持续控制技术[J]．现代农业科技，5: 110-112.

陈培育，封洪强，李国平，等．2010.绿盲蝽滞育与非滞育卵的形态学观察[J]．河南农业大学学报，44: 83-85.

陈培育，封洪强，李国平，等．2010.中黑盲蝽滞育与非滞育卵的形态学观察[J]．植物保护，36: 80-83.

陈培育，封洪强，李国平，等．2010.3种豆科植物对棉田盲蝽蟓的诱集效果研究[J]．河南农业科学，5: 66-68.

陈培育，封洪强，李国平，等．2012.一种盲蝽卵的收集与孵化方法[J]．植物保护，38: 105-107.

陈展册，苏丽，戈峰，等．2010.绿盲蝽对性信息素类似物和植物挥发物的触角电位反应[J]．昆虫学报，53: 47-54.

党志红，郭志刚，高占林，等．2012.苯甲酰基脲类杀虫剂对绿盲蝽的生物活性及亚致死影响[J]．应用昆虫学报，49: 660-665.

丁岩钦，邹纯仁，赵廷选．1957.陕西棉盲椿的研究及防治[J]．西北农学院学报，4: 38-57.

丁岩钦．1963.棉盲蝽生态学特性的研究Ⅰ.温度与湿度对棉盲蝽生长发育及地理分布的作用[J]．植物保护学报，2: 285-296.

丁岩钦.1963.棉盲蝽生态学特性的研究Ⅱ.棉株营养成分含量与盲蝽为害的关系[J].植物保护学报,2: 365-370.

丁岩钦.1965.棉盲蝽生态学特性的研究Ⅲ.棉盲蝽在棉田内的分布型及其影响因素的分析[J].昆虫学报,14: 264-273.

丁岩钦.1964.陕西关中棉区棉盲蝽种群数量变动的研究[J].昆虫学报,13: 297-308.

董吉卫,陆宴辉,杨益众.2012.绿盲蝽成虫的产卵行为与习性[J].应用昆虫学报,49: 591-595.

范广华,赵文路,韩双,等.2014.小枣萌芽期和花期绿盲蝽防治指标的研究[J].北方果树,4: 13-14.

费月跃,黄志勇,吉荣龙,等.2008.苏沿海棉区棉盲蝽象的发生及防治[J].江西棉花,30: 28-29.

冯成玉,李昌华.1990.盲蝽象寄主转移及种群动态调查初报[J].昆虫知识,27: 210-212.

付晓伟,封洪强,邱峰,等.2008.中黑盲蝽在转Bt基因棉和常规棉上的实验种群生命表[J].植物保护学报,35: 339-344.

付晓伟,封洪强,邱峰,等.2009.中黑苜蓿盲蝽成虫和卵在棉株上的时空分布[J].植物保护,35: 59-61.

付晓伟,封洪强,邱峰,等.2008.不同产卵基质上中黑盲蝽落卵量的比较研究[J].河南农业科学,12: 70-72.

高勇,门兴元,于毅,等.2012.绿盲蝽危害对枣树叶片生化指标的影响[J].生态学报,32: 5330-5336.

高勇,门兴元,于毅,等.2012.绿盲蝽危害后枣、桃、樱桃、葡萄叶片生理代谢指标的变化[J].中国农业科学,45: 4627-4634.

高勇,谭秀梅,周洪旭,等.2013.绿盲蝽分龄与其形态发育指标的相关性[J].棉花学报,25: 339-344.

高宗仁.1990.太康县清集乡棉盲蝽发生与危害的调查[J].河南农业科学,6: 37-38.

高宗仁,姜典志.2000.河南省棉盲蝽的为害损失及控制目标研究[J].中国棉花,27: 10-12.

高宗仁,李巧丝,邱峰,等.1992.铷(Rb)标记棉盲蝽及其向棉田扩散为害的研究[J].中国农业科学,25: 15-21.

高宗仁,李巧丝.1998.苜蓿盲蝽在豫东棉区的寄主选择及其转移规律[J].植物保护学报,25: 330-336.

高宗仁,李巧丝.2000.豫东地区棉盲蝽的发生及治理研究[J].中国棉花,27: 14-16.

耿辉辉,陆宴辉,杨益众.2012.绿盲蝽成虫的田间活动规律[J].应用昆虫学报,49: 601-604.

郭晨茜,王璇,杨宇晖,等.2013.北京梨园绿盲蝽及其天敌的种群动态[J].昆虫学报,

56: 1516-1522.

郭建英, 周洪旭, 万方浩, 等. 2005.两种防治措施下转 *Bt* 基因棉田绿盲蝽的发生与为害[J]. 昆虫知识, 42: 424-428.

郭雯, 董泽峰, 齐海华, 等. 2011.绿盲蝽蟓越冬卵在枣、梨、苹果混交果园树上分布调查[J]. 河北林业科技, 5: 31-36.

郭小奇, 付晓伟, 封洪强, 等. 2008.不同寄主对中黑盲蝽（*Adelphocoris suturalis*）生长发育和繁殖的影响[J]. 生态学报, 28: 1514-1520.

郭志刚, 党志红, 高占林, 等. 2011.苯甲酰基脲类杀虫剂对苜蓿盲蝽的生物活性和田间防治效果[J]. 农药, 50: 446-448.

黄佩忠, 周群喜, 何永银, 等. 1986.棉中黑盲蝽卵越冬场所观察[J]. 植物保护, 12: 48.

黄佩忠, 丁志宽, 何永垠, 等. 1988.中黑盲蝽主要生物学特性观察[J]. 昆虫知识, 25: 208-211.

姜春义, 王永山, 陈华. 2007.棉田盲蝽发生程度加重原因分析及治理对策[J]. 现代农业科技, 6: 73-74.

姜典志, 董果, 杜国忠. 1990.中黑盲蝽象的发生和防治[J]. 河南农业科学, 8: 38-40.

姜典志, 杜国忠, 王淑华. 1994.中黑盲蝽象的寄主植物和越冬场所研究[J]. 河南农业科学, 12: 16-19.

姜典志, 杜国忠. 1996.中黑盲蝽的寄主植物和越冬场所研究[J]. 昆虫知识, 33: 264-266.

姜典志, 张秀阁, 魏荣生. 2005.转 *Bt* 基因抗虫棉棉田中黑盲蝽的发生规律与防治措施[J]. 中国植保导刊, 25: 24-25.

姜玉英, 曾娟, 徐建国, 等. 2014.不同光源灯具对黄河流域棉区棉盲蝽的诱测效果[J]. 植物保护, 40: 137-141, 153.

矫振彪, 陆宴辉, 吴孔明. 2012.棉田绿盲蝽的空间分布型及其抽样模型[J]. 应用昆虫学报, 49: 605-609.

矫振彪, 陆宴辉, 吴孔明. 2012.棉田绿盲蝽种群密度的调查方法[J]. 应用昆虫学报, 49: 610-613.

李国平, 封洪强, 梁双双, 等. 2008.四种杀虫剂亚致死剂量对中黑盲蝽发育和繁殖的影响[J]. 昆虫学报, 51: 1260-1264.

李国平, 封洪强, 杨士敏, 等. 2009.杀虫剂对中黑苜蓿盲蝽的毒力测定方法及9种杀虫剂的室内毒力测定[J]. 植物保护, 35: 132-135.

李号宾, 吴孔明, 徐遥, 等. 2007.南疆棉田盲蝽类害虫种群数量动态[J]. 昆虫知识, 44: 219-222.

李林懋, 门兴元, 叶保华, 等. 2012.冬枣绿盲蝽的发生与无公害防治[J]. 山东农业科学, 44: 98-101.

李林懋, 门兴元, 叶保华, 等. 2012.果树盲蝽的发生与防控技术[J]. 应用昆虫学报,

494: 793-801.

李林懋, 门兴元, 叶保华, 等. 2013.绿盲蝽对冬枣不同生长期的为害[J]. 植物保护学报, 40: 545-550.

李林懋, 门兴元, 叶保华, 等. 2014,绿盲蝽对不同生长期棉花的刺吸危害特性[J]. 昆虫学报, 57: 449-459.

李林懋, 门兴元, 叶保华, 等. 2014.不同生长时期冬枣受绿盲蝽危害后应激防御酶活性的变化[J]. 中国农业科学, 47: 191-198.

李明光, 沙明治. 1986.中黑盲蝽发生危害的初步观察[J]. 植物保护, 4: 39-40.

李明光, 沙明治. 1987.中黑盲蝽生物学特性及其发生规律的初步研究[J]. 昆虫知识, 5: 271-275.

李巧丝, 姜典志. 1993.中黑盲蝽的产卵及越冬习性研究[J]. 中国棉花, 20: 32-33.

李巧丝. 1994.豫东棉田苜蓿盲蝽的发生及危害[J]. 中国棉花, 24: 22-23.

李巧丝, 邓望喜. 1994.不同寄生植物对苜蓿盲蝽种群增长的影响[J]. 植物保护学报, 21: 351-355.

李巧丝, 刘芹轩, 邓望喜. 1994.温湿度对苜蓿盲蝽实验种群的影响[J]. 生态学报, 14: 312-317

李文静, 陆宴辉, 高希武, 等. 2012.中黑盲蝽对小地老虎和甜菜夜蛾的捕食作用[J]. 应用昆虫学报, 49: 205-212.

李耀发, 高占林, 党志红, 等. 2008.不同类型杀虫剂对绿盲蝽室内毒力及田间药效评价[J]. 河北农业科学, 12: 49-50, 57.

李耀发, 党志红, 高占林, 等. 2009.河北省沧州棉区绿盲蝽在不同寄主上的动态分布[J]. 植物保护, 35: 118-121.

李耀发, 高占林, 党志红, 等. 2010.吡虫啉等6种杀虫剂对河北省不同地区绿盲蝽的室内毒力[J]. 河北农业科学, 14: 84-85.

李耀发, 高占林, 党志红, 等. 2011.绿盲蝽对不同波段光谱选择性的初步测定[J]. 河北农业科学, 15: 57-60.

李耀发, 高占林, 康云凤, 等. 2014.寄主植物花器挥发性物质分析及其对绿盲蝽成虫的引诱作用[J]. 河北农业大学学报, 37: 95-100.

梁虎军, 李燕, 孙翠英, 等. 2013.牧草盲蝽对棉蚜的捕食作用[J]. 环境昆虫学报, 35: 317-321.

梁振中, 徐炜民, 邢志芳, 等. 1987.中黑盲蝽不同作物田的田间分布型与抽样技术[J]. 植物保护, 13: 29-30.

林凤敏, 吴敌, 陆宴辉, 等. 2010.棉花叶片性状（厚度和油点密度）与其对绿盲蝽抗性的关系[J]. 昆虫学报, 53: 780-785.

林凤敏, 吴敌, 陆宴辉, 等. 2010.棉花叶片茸毛性状与绿盲蝽抗性的关系[J]. 植物保护学报. 37: 165-171.

林凤敏, 吴敌, 陆宴辉, 等. 2011.棉花主要抗虫次生物质与其对绿盲蝽抗性的关系[J]. 植物保护学报, 38: 202-208.

刘汉民. 1991.中黑盲蝽的寄主及其寄主转移的研究[J].昆虫知识, 28: 140-143.

刘汉民. 1991.苏中盐垦区中黑盲蝽发生规律及防治技术的研究[J]. 植物保护学报, 18: 147-153.

刘立春, 顾国华、杨顾新、等. 1989.棉盲蝽种群变动与危害趋性[J]. 昆虫知识, 26: 328-331.

刘昱, 张培通、陈兵林, 等. 2013.绿盲蝽危害后转 *Bt* 基因棉花嫩叶的几个生理指标变化特征分析[J]. 棉花学报, 25: 51-56.

卢绍辉, 宋宏伟, 刘鑫, 等. 2009.几种杀虫剂对枣树绿盲蝽的防治效果[J]. 48: 696-697.

陆宴辉, 梁革梅, 吴孔明. 2007.棉盲蝽综合治理的研究进展[J]. 植物保护, 33: 10-15.

陆宴辉, 吴孔明. 2008.棉花盲椿象及其防治[M]. 北京：金盾出版社.

陆宴辉, 吴孔明, 蔡晓明, 等. 2008.利用四季豆饲养盲蝽的方法[J]. 植物保护学报, 35: 215-219.

陆宴辉, 吴孔明, 姜玉英, 等. 2010.棉花盲蝽的发生趋势与防控对策[J]. 植物保护, 36: 150-153.

陆宴辉, 吴孔明. 2012.我国棉花盲蝽生物学特性的研究进展[J]. 应用昆虫学报, 49: 578-584.

陆宴辉, 曾娟, 姜玉英, 等. 2014.盲蝽类害虫种群密度与危害的调查方法[J]. 应用昆虫学报, 51: 848-852.

鲁冲, 赵博, 朱芬, 等. 2010.3 种营养条件对中黑盲蝽生长发育的影响[J]. 华中农业大学学报, 29: 557-559.

罗静, 张志林、陈龙佳, 等. 2012.中黑盲蝽羽化节律及交配行为初步研究[J]. 应用昆虫学报, 49: 596-600.

雒珺瑜、崔金杰, 吴冬梅, 等. 2009.绿盲蝽对13种不同寄主植物适合度的初步研究[J]. 中国棉花, 36: 16-17.

雒珺瑜、崔金杰、王春义, 等. 2011.不同棉花品种对棉盲蝽的抗性及抗性鉴定方法[J]. 中国棉花, 38: 25-28.

雒珺瑜、崔金杰, 黄群. 2011.棉花叶片中叶绿素、蜡质含量和叶片厚度与抗绿盲蝽的关系[J]. 植物保护学报, 38: 25-26.

雒珺瑜、崔金杰, 王春义, 等. 2011.棉花叶片绒毛和色素腺数量与绿盲蝽抗性的关系[J]. 棉花学报, 23, 559-565.

雒珺瑜、崔金杰, 王春义, 等. 2011.棉花叶片蛋白质、可溶性糖和花青素含量及其与绿盲蝽抗性的关系[J]. 西北农林科技大学学报：自然科学版, 39: 75-80,89.

雒珺瑜、崔金杰, 辛惠江. 2012.棉花叶片纤维素和木质素含量与绿盲蝽抗性的关系[J]. 西北农林科技大学学报：自然科学版, 40: 81-85.

雒珺瑜，崔金杰，王春义，等．2012.棉花叶片中棉酚和单宁含量与绿盲蝽抗性的关系[J]. 棉花学报, 24: 279-283.

马广民，门兴元，杜学林，等．2011.山东聊城麦套棉田盲蝽种群结构及消长动态[J]. 中国棉花, 38: 22-23.

马广民，门兴元，杜学林，等．2012.鲁西北地区麦套棉田绿盲蝽的发生与防治[J]. 棉花科学, 34: 57-58.

马广民，门兴元，杜学林，等．2012.绿盲蝽越冬卵在鲁西棉区的分布[J]. 山东农业科学, 44: 92-94.

马亚杰，马艳，马小艳，等．2013.几种新型杀虫剂对棉盲蝽的防治效果[J]. 中国棉花, 40: 31-33.

马艳，崔金杰，彭军．2006.转 *Bt* 基因抗虫棉田棉盲蝽防治剂筛选及施药技术研究[J]. 西北农业学报, 15: 60-63.

毛红，陈瀚，刘小侠，等．2011.绿盲蝽取食与机械损伤对棉花叶片内防御性酶活性的影响[J]. 应用昆虫学报, 48: 1431-1436.

门兴元，于毅，张安盛，等．2008.不同温度下绿盲蝽实验种群生命表研究[J]. 昆虫学报, 51: 1216-1219.

门兴元，于毅，张安盛，等．2011.试管药膜法测定10种杀虫剂对绿后丽盲蝽若虫的室内毒力[J]. 植物保护, 37: 154-157.

门兴元，于毅，张安盛，等．2014.桃园绿盲蝽防治技术规程[J]. 农业知识, 5: 19-20.

门兴元，于毅，张安盛，等．2014.苹果园绿盲蝽综合防治技术规范[J]. 农业知识, 8, 11.

孟祥玲．1955.危害棉花的盲蝽蟓[J]. 农业科学通讯, 7: 417-418.

孟祥玲，韩运发．1957.常见八种棉盲蝽的识别[J]. 昆虫知识, 2: 73-79.

牛赡光，王清海，刘幸红，等．2011.棉花绿盲蝽在东营地区发生危害规律及防治技术研究[J]. 山东农业科学, 2: 83-85.

牛赡光，刘幸红，张淑静，等．2011.鲁北冬枣绿盲蝽发生与气候之间关系的研究[J]. 江西农业学报, 23: 97-99.

羌烨，朱明华．2014.绿盲蝽卵发育分级标准及其在测报中的应用[J]. 植物保护, 40: 125-127.

羌烨，曹敏，丁小丽，等．2014.3种监测工具对棉盲蝽的诱测效果[J]. 中国棉花, 41: 31-34.

曲明传，胡姗姗，孔晓君，等．2012.鱼藤酮和吡蚜酮防治茶绿盲蝽田间药效试验[J]. 中国茶叶, 11: 10-11.

阮双林，汤银来．2013.应用性诱剂诱测棉盲蝽效果研究[J]. 现代农业科技, 11: 132.

沈进松．1992.苏北盐垦区棉盲蝽种群变动与发生特点初探[J]. 昆虫知识, 5: 269-271.

宋国晶，封洪强，李国平，等．2012.铷对两种盲蝽及其寄主植物的标记与影响[J]. 应用昆虫学报, 49: 614-619.

宋国晶, 封洪强, 李国平, 等. 2012.河南省绿盲蝽和中黑盲蝽春季迁移能力的铷标记研究[J]. 应用昆虫学报, 49: 620-625.

宋国晶, 封洪强, 李国平, 等. 2012.河南省绿盲蝽秋季迁移的铷标记研究[J]. 应用昆虫学报, 49: 626-630.

孙瑞红, 李爱华, 刘秀芳. 2004.绿盲蝽在果树上猖獗危害的原因及综合防治[J]. 落叶果树, 6: 27-29.

谭瑶, 张帅, 高希武. 2012.两种盲蝽的抗药性监测[J]. 应用昆虫学报, 49: 348-358.

谭永安, 柏立新, 肖留斌, 等. 2010.绿盲蝽危害对棉花防御性酶活性及丙二醛含量的诱导[J]. 棉花学报, 22: 479-485.

谭永安, 柏立新, 肖留斌, 等. 2011.转 *CrylAC* 及 *CrylAC+CpTI* 基因对棉花上绿盲蝽 2 种消化酶活性及海藻糖含量的影响[J]. 棉花学报, 23: 394-400.

田彩红, 何瑠, 封洪强, 等. 2013.绿盲蝽胚胎发育的显微及切片观察[J]. 植物保护, 39: 56-60, 70.

田小卫, 刘涛, 高梅秀. 2009.天津冬枣绿盲蝽的发生及综合防治[J]. 天津农学院学报, 16: 12-14.

仝亚娟, 吴孔明, 高希武. 2009.三突花蛛对绿盲蝽和苜蓿盲蝽的捕食作用[J]. 中国生物防治, 25: 97-101.

仝亚娟, 吴孔明, 陆宴辉, 等. 2010.白僵菌对盲蝽的致病性[J]. 植物保护学报, 37: 172-176.

仝亚娟, 陆宴辉, 吴孔明. 2011.大眼长蝽对苜蓿盲蝽的捕食作用[J]. 应用昆虫学报, 48: 136-140.

王春义, 李春花, 雒珺瑜, 等. 2010.棉田绿盲蝽诱集植物的筛选和作用效果比较[J]. 中国棉花, 5: 15-16.

王洪涛, 王丽丽, 刘学卿, 等. 2014. 6 种杀虫剂对绿盲蝽 3 龄若虫的室内毒力测定[J]. 山东农业科学, 46: 92-94.

王怀仁, 肖家良, 单淑平, 等. 2008.绿盲蝽在枣树上的发生规律及防治方法[J]. 河北果树, 1: 53-54.

王敬儒, 杨海峰, 孟昭金. 1980.关于新疆牧草盲椿象预测预报的意见[J]. 新疆农业科学, 2: 21-23.

王敬儒. 1957.新疆三种为害棉花的盲蝽蟓初步观察[J]. 华东农业科学通讯, 9: 474-476.

王丽丽, 王洪涛, 刘学卿, 等. 2014.不同颜色粘虫板对葡萄园绿盲蝽的诱集效果[J]. 果树学报, 31: 288-291.

王丽丽, 陆宴辉, 吴孔明. 2010.绿盲蝽捕食棉铃虫卵的 CO I 标记检测方法[J]. 昆虫知识, 47: 224-228.

王丽丽, 王洪涛, 王鹏, 等. 2013.烟台葡萄绿盲蝽的季节性发生规律[J]. 植物保护, 39:

139-142.

王丽丽,王洪涛,刘学卿,等.2014.5种杀虫剂对葡萄园绿盲蝽的田间防效试验[J].中国果树,3:60-62.

王振亮,韩会智,刘孟军,等.2011.枣园绿盲蝽越冬卵的分布及其孵化规律研究[J].西北农林科技大学学报:自然科学版,39:148-152,158.

魏书艳,肖留斌,谭永安,等.2010.不同寄主受绿盲蝽危害后生理代谢指标的变化[J].植物保护学报,37:359-364.

魏书艳,肖留斌,谭永安,等.2010.转Bt棉与常规棉受中黑盲蝽危害后生理代谢指标的变化[J].南京农业大学学报,33:55-59.

吴敌,林凤敏,陆宴辉,等.2010.绿盲蝽和中黑盲蝽对不同抗性和虫害处理棉花的选择趋性[J].昆虫学报,53:696-701.

吴国强,肖留斌,谭永安,等.2012.绿盲蝽成虫对六种寄主及其挥发物的选择趋势[J].应用昆虫学报,49:641-647.

武淑文,蒲鑫,吴益东.2010.绿盲蝽和中黑盲蝽解毒代谢酶活性的检测[J].南京农业大学学报,33:40-44.

萧采瑜,孟祥玲.1963.中国棉田盲蝽记述[J].动物学报,15:439-449.

肖留斌,谭永安,孙洋,等.2013.绿盲蝽对寄主转换的适应性及生理响应[J].中国农业科学,46:4941-4949.

徐德良.1993.绿盲蝽发生规律及防治[J].昆虫知识,30:82-84.

徐文华,王瑞明,林付根,等.2007.棉盲蝽的寄主种类、转移规律、生态分布与寄主的适合度[J].江西农业学报,19:45-50.

徐文华,刘标,王瑞明,等.2008.江苏沿海地区转Bt基因抗虫棉对棉田昆虫种群的影响[J].生态与农村环境学报,24:32-38.

徐文华,王瑞明,武进龙,等.2008.转Bt基因抗虫棉田棉盲蝽预测预报方法的改进研究[J].江西农业学报,20:29-31.

许新新,谭瑶,高希武.2012.绿盲蝽P450基因的克隆及增效醚对P450酶活性的抑制作用[J].应用昆虫学报,49:324-334.

杨小奎,韩宝房,丁红岩,等.2007.频振式杀虫灯在冬枣害虫测报及防治中的应用[J].河北果树,1:8-9.

杨宇晖,郭晨茜,姜洪胜,等.2013.中黑盲蝽对不同棉花品种的选择偏好性及种群动态研究[J].应用昆虫学报,50:1608-1613.

杨宇晖,张青文,刘小侠.2013.棉花营养物质和单宁含量与其对绿盲蝽抗性的关系[J].中国农业科学,46:4688-4697.

余昊,黄晓杏.2006.中黑盲蝽种群空间格局及抽样技术研究[J].安徽农业科学,34:4611-4612.

张洪进,费国新,陈卫国,等.1996.第三、四代中黑盲蝽发生期和发生量中期预测研

究 [J]. 昆虫知识, 33: 17-20.

张奎松. 1964.新疆莎车地区牧草盲蝽生物学特性研究 [J]. 昆虫知识, 6: 249-252.

张立娟, 崔建州, 李继泉, 等. 2010.绿盲蝽对不同处理具花枣枝挥发物的趋性反应 [J]. 河北农业大学学报, 33: 81-84.

张小兵, 王凯, 王猛, 等. 2013.山东省绿盲蝽田间种群对六种杀虫剂的敏感性监测 [J]. 植物保护学报, 49: 564-568.

张小兵, 王凯, 王猛, 等. 2014.不同施药方式下吡虫啉对棉田绿盲蝽种群动态的影响 [J]. 植物保护学报, 50: 93-97.

张兴华, 田绍仁, 汤建国, 等. 2012.频振杀虫灯不同使用方法诱杀棉盲蝽效果研究 [J]. 现代农业科技, 7: 163-164.

张秀阁, 姜典志. 2006.抗虫棉棉田中黑盲蝽的发生与防治 [J]. 江西棉花, 28: 15-17.

张秀梅, 刘小京, 杨艳敏, 等. 2005.绿盲蝽在 Bt 转基因棉及枣树上的发生规律 [J]. 华东昆虫学报, 14: 28-32.

张英健, 仓惠, 徐文华. 1987.中黑盲蝽对棉花的为害及损失研究 [J]. 植物保护学报, 14: 247-252.

张永孝. 1986.棉花不同生育期棉盲蝽的为害损失及防治指标研究 [J]. 植物保护学报, 13: 73-77.

赵美霞. 1986.棉盲蝽寄主植物及灯下发生数量的调查. 昆虫知识[J], 3: 118-122.

赵秋剑, 吴敌, 林凤敏, 等. 2011.绿盲蝽在不同棉花品种（系）上取食行为的 EPG 解析及田间验证 [J]. 中国农业科学, 44: 2260-2268.

张尚卿, 高占林, 党志红, 等. 2011.绿盲蝽对四种挥发性物质的触角电位和行为反应 [J]. 华北农学报, 26: 189-194.

张治. 1989.绿盲蝽产卵习性及其在测报上的应用 [J]. 昆虫知识, 26: 84-85.

郑乐怡, 吕楠, 刘国卿, 等. 2004. 中国动物志：昆虫纲　第三十三卷　半翅目　盲蝽科　盲蝽亚科 [M]. 北京: 科学出版社.

周琳, 程永战, 高飞, 等. 2012.不同棉花品种对中黑盲蝽生长发育和繁殖的影响 [J]. 河南农业大学学报, 46: 418-423.

周延乐, 赵秋剑, 张永军, 等. 2013.绿盲蝽在人工饲料模型上刺吸波形EPG解析 [J]. 环境昆虫学报, 35: 441-444.

朱弘复, 孟祥玲. 1958.三种棉盲蝽的研究 [J]. 昆虫学报, 8: 97-118.

卓德干, 李照会, 门兴元, 等. 2011.低温和光周期对绿盲蝽越冬卵滞育解除和发育历期的影响 [J]. 昆虫学报, 54: 136-142.

卓德干, 李照会, 门兴元, 等. 2011.温度和光周期对绿盲蝽滞育诱导的影响 [J]. 昆虫学报, 54: 1082-1086.

卓德干, 李照会, 门兴元, 等. 2012.绿盲蝽越冬卵的耐寒能力 [J]. 生态学报, 32: 1553-1561.

Dong J W, Pan H S, Lu Y H, et al. 2013.Nymphal performance correlated with adult preference for flowering host plants in a polyphagous mirid bug, *Apolygus lucorum* (Heteroptera: Miridae) [J]. Arthropod-Plant Inter., 7: 83-91.

Feng H Q, Chen P Y, Li G P, et al. 2012.Diapause Induction in *Apolygus lucorum* and *Adelphocoris suturalis* (Hemiptera: Miridae) in Northern China[J]. Environ. Entomol., 41: 1606-1611.

Feng H Q, Jin Y L, Li G P, et al. 2012.Establishment of an artificial diet for successive rearing of *Apolygus lucorum* (Hemiptera: Miridae) [J]. J. Econ. Entomol., 105: 1921-1928.

Gao Z, Pan H S, Liu B, et al. 2014.Performance of three *Adelphocoris* spp. (Hemiptera: Miridae) on flowering and non-flowering cotton and alfalfa[J]. J. Integr. Agri., 13: 1727-1735.

Geng H H, Pan H S, Lu Y H, et al. 2012.Nymphal and adult performance of *Apolygus lucorum* (Hemiptera: Miridae) on a preferred host plant, mungbean *Vigna radiate*[J]. Appl. Entomol. Zool., 47: 191-197.

Guo T E, Zhang Z Q, Zhou C, et al. 2010. Susceptibilities of *Lygus lucorum* meyer-Dür (Hemiptera: Miridae) from five cotton-growing regions in Shandong, China to selected insecticides[J]. Acta. Entomol. Sin., 53: 993-1000.

Li G P, Feng H Q, Chen P Y, et al. 2010. Effects of transgenic *Bt* cotton on the population density, oviposition behavior, development, and reproduction of a nontarget pest, *Adelphocoris suturalis* (Hemiptera: Miridae) [J]. Environ. Entomol., 39: 1378-1387.

Li G P, Feng H Q, mcNeil J N, et al. 2011.Impacts of transgenic Bt cotton on a non-target pest, *Apolygus lucorum* (Meyer-Dür) (Hemiptera: Miridae) , in northern China[J]. Crop. Prot., 30: 1573-1578.

Liu Y Q, Lu Y H, Wu K m, et al. 2008. Lethal and sublethal effects of endosulfan on *Apolygus lucorum* (Hemiptera: Miridae) [J]. J. Econ. Entomol., 101: 1805-1810.

Lu Y H, Wu K m, Guo Y Y. 2007.Flight potential of the green plant bug, *Lygus lucorum* meyer-Dür (Heteroptera: Miridae) . Environ. Entomol., 36: 1007-1013.

Lu Y H, Qiu F, Feng H Q, et al. 2008.Species composition and seasonal abundance of pestiferous plant bugs (Hemiptera: Miridae) on Bt cotton in China[J]. Crop Prot., 27: 465-472.

Lu Y H, Wu K m, Wyckhuys K A G, et al. 2009.Potential of mungbean, *Vigna radiatus* as a trap crop for managing *Apolygus lucorum* (Hemiptera:Miridae) on Bt cotton[J]. Crop Prot., 28: 77-81.

Lu Y H, Wu K m, Wyckhuys K A G, et al. 2009.Comparative flight performance of three important pest *Adelphocoris* species of Bt cotton in China[J]. Bull. Entomol. Res., 99: 543-550.

Lu Y H, Wu K m, Wyckhuys K A G, et al. 2009.Comparative study of temperature-dependent life histories of three economically important *Adelphocoris* spp[J]. Physiol. Entomol.,

34: 318-324.

Lu Y H, Wu K m, Jiang Y Y, et al. 2010.Mirid bug outbreaks in multiple crops correlated with weide-scale adoption of Bt cotton in China[J]. Science, 328: 1151-1154.

Lu Y H, Wu K m, Wyckhuys K A G, et al. 2010.Temperature-dependenet life history of the green plant bug, *Apolygus lucorum* (Meyer-Dür) (Hemiptera: Miridae) [J]. Appl. Entomol. Zool., 45: 387-393.

Lu Y H, Wu K m, Wyckhuys K A G, et al. 2010.Overwintering hosts of *Apolygus lucorum* (Hemiptera: Miridae) in northern China[J]. Crop Prot., 29: 1026-1033.

Lu Y H, Wu K m. 2011.Mirid bugs in China: pest status and management strategies[J]. Outlooks Pest manag., 22: 248-252.

Lu Y H, Jiao Z B, Li G P, et al. 2011. Comparative overwintering host range of three *Adelphocoris* species (Hemiptera: Miridae) in northern China[J]. Crop Prot., 30: 1455-1460.

Lu Y H, Wu K m. 2011.Effect of relative humidity on population growth of *Apolygus lucorum* (Heteroptera: Miridae) [J]. Appl. Entomol. Zool., 46: 421-427.

Lu Y H, Jiao Z B, Wu K m. 2012. Early-season host plants of *Apolygus lucorum* (Heteroptera: Miridae) in northern China[J]. J. Econ. Entomol., 105: 1603-1611.

Luo S P, Li H m, Lu Y H, et al. 2014. Functional response and mutual interference of *Peristenus spretus* (Hymenoptera: Braconidae) , a parasitoid of *Apolygus lucorum* (Heteroptera: Miridae) [J]. Biocontrol Sci. Technol., 24: 247-256.

Ma Y H, Gao Z L, Dang Z H, et al. 2012.Effect of temperature on the toxicity of several insecticides to *Apolygus lucorum* (Heteroptera: Miridae) [J]. J. Pesti. Sci., 37: 135-139.

Pan H S, Lu Y H, Wyckhuys K A G. 2013.Early-season host switching in *Adelphocoris* spp. (Hemiptera: Miridae) of differing host breadth[J]. PLoS ONE, 8: e59000.

Pan H S, Lu Y H, Wyckhuys K A G, et al. 2013.Preference of a polyphagous mirid bug, *Apolygus lucorum* (Meyer-Dür) for flowering host plants[J]. PLoS ONE, 8: e68980.

Pan H S, Lu Y H, Wyckhuys K A G. 2013.Repellency of dimethyl disulfide to *Apolygus lucorum* (Meyer-Dür) (Hemiptera: Miridae) under laboratory and field conditions[J]. Crop Prot., 50: 40-45.

Pan H S, Liu B, Lu Y H, et al. 2014.Identification of the key weather factors affecting overwintering success of *Apolygus lucorum* eggs in dead host tree branches[J]. PLoS ONE, 9: e94190.

Pan H S, Liu Y Q, Liu B, et al.2014.Lethal and sublethal effects of cycloxaprid, a novel *cis*-nitromethylene neonicotinoid insecticide, on the mirid bug *Apolygus lucorum*[J]. J. Pest. Sci., doi: 10.1007/s10340-014-0610-6.

Tan Y, Biondi A, Desneux N, et al. 2012. Assessment of physiological sublethal effects of imidacloprid on the mirid bug *Apolygus lucorum* (Meyer-Dür) [J]. Ecotoxicology, 21: 1989-

1997.

Tan Y A, Xiao L B, Sun Y, et al. 2014.Sublethal effects of the chitin synthesis inhibitor, hexaflumuron, in the cotton mind bug, *Apolygus lucorum*（Meyer-Dür）[J]. Pesti. Biochem. Physiol., 111: 43-50.

Wheeler A G Jr. 2001.Biology of the plant bugs（Hemiptera: Miridae）[M]. Ithaca, NY: Cornell. University Press.

Wu K m, Li W, Feng H Q, et al. 2002.Seasonal abundance of the mirids, *Lygus lucorum* and *Adelphocoris* spp.（Hemiptera: Miridae）on Bt cotton in northern China[J]. Crop Prot., 21: 997-1002.

Zhang L L, Lu Y H, Liang G m. 2013. A method for field assessment of plant injury elicited by the salivary proteins of *Apolygus lucorum*[J]. Entomol. Exp. App., 49: 292-297.

Zhang Z L, Luo J, Lu C, et al. 2011.Evidence of female-produced sex pheromone of *Adelphocoris suturalis*（Hemiptera: Miridae）: effect of age and time of day[J]. J. Econ. Entomol., 104: 1189-1194.

Zhang Z Q, Guo T E, Wang W, et al. 2009. Assessment of relative toxicity of insecticides to the green plant bug, *Lygus lucorum* Meyer-Dür（Hemiptera: Miridae）, by two different bioassay methods[J]. Acta. Entomol. Sin., 52: 967-973.

Yuan W, Li W J, Li Y H, et al. 2013.Combination of plant and insect eggs as food sources facilitates ovarian development in an omnivorous bug *Apolygus lucorum*（Hemiptera: Miridae）[J]. J. Econ. Entomol., 106: 1200-1208.

附 录

"盲蝽可持续治理技术的研究与示范" 项目主要活动记录

2011年以来，中国农业科学院植物保护研究所、全国农业技术推广服务中心、山东省农业科学院植物保护研究所、河南省农业科学院植物保护研究所、河北省农林科学院植物保护研究所、江苏省农业科学院植物保护研究所等项目参加单位，先后多次举办了盲蝽防控技术培训班、交流会与示范现场会，着力推进盲蝽监测与防治新技术的创新研发、集成示范与推广应用，为实现我国盲蝽可持续治理提供了科学策略理念和核心技术支撑。

一、西北内陆棉区棉花病虫害监控技术培训班
（2011年6月，新疆乌鲁木齐）

附图1　2011年西北内陆棉区棉花病虫害监控技术培训班开幕式

附图2　2011年西北内陆棉区棉花病虫害监控技术培训班活动剪影
（左上：分组讨论；右上：田间实习；左下：害虫鉴定；右下：颁发证书）

附图3　2011年西北内陆棉区棉花病虫害监控技术培训班合影

二、黄河流域棉区棉花病虫害监控技术培训班

（2012年8月，山东济南）

附图4　2012年黄河流域棉区棉花病虫害监控技术培训班开幕式

附图5　2012年黄河流域棉区棉花病虫害监控技术培训班田间实习

附图6　2012年黄河流域棉区棉花病虫害监控技术培训班合影

三、长江流域棉区棉花病虫害监控技术培训班
（2013年7月，湖北武汉）

附图7　2013年长江流域棉区棉花病虫害监控技术培训班开幕式

附图8 2013年长江流域棉区棉花病虫害监控技术培训班活动剪影
（左上：田间害虫识别；右上：田间病害识别；左下：病害咨询；
右下：雌蛾卵巢解剖演示）

附图9 2013年长江流域棉区棉花病虫害监控技术培训班合影

四、新疆棉花病虫害监测和防控实用技术培训班
（2014年8月，新疆乌鲁木齐）

附图10　2014年新疆棉花病虫害监测和防控实用技术培训班开幕式

附图11　2014年新疆棉花病虫害监测和防控实用技术培训班授课剪影

五、盲蝽防控技术咨询交流会
（2012年3月，北京）

附图12　2012年盲蝽防控技术咨询交流会会场

附图13　2012年盲蝽防控技术咨询交流会合影

六、盲蝽防控技术咨询交流会
（2013年6月，山东烟台）

附图14　2013年盲蝽防控技术咨询交流会会场

附图15　2013年盲蝽防控技术咨询交流会现场剪影
（左上：防控技术介绍；右上：性诱技术讲解；左下：为害状讲解；
右下：专家点评）

附图16　2013年盲蝽防控技术咨询交流会合影

七、葡萄园新型复配农药防治盲蝽示范现场会

（2012年6月，河南泌阳）

附图17　2012年葡萄园新型复配农药防治盲蝽示范现场会

八、冬枣园绿盲蝽绿色防控技术交流与现场观摩会
（2012年9月，山东沾化）

附图18　2012年冬枣园绿盲蝽绿色防控技术交流会会场

附图19　2012年冬枣园绿盲蝽绿色防控技术交流会回答专家提问

附图20　2012年冬枣园绿盲蝽绿色防控技术现场观摩会合影

九、苜蓿田盲蝽综合防治技术示范现场会

（2013年9月，河北黄骅）

附图21　2013年苜蓿田盲蝽综合防控技术示范现场

十、棉花田盲蝽综合防控技术示范现场会

（2014年7月，江苏大丰）

附图22　2014年棉花田盲蝽综合防控技术示范现场

图书在版编目（CIP）数据

盲蝽分区监测与治理/姜玉英，陆宴辉，曾娟主编．
—北京：中国农业出版社，2015.3
ISBN 978-7-109-20146-0

Ⅰ．①盲…　Ⅱ．①姜…　②陆…　③曾…　Ⅲ．①盲蝽科
－监测②盲蝽科－防治　Ⅳ．①Q969.35

中国版本图书馆CIP数据核字（2015）第023757号

中国农业出版社出版
（北京市朝阳区麦子店街18号楼）
（邮政编码 100125）
责任编辑　阎莎莎　张洪光

北京通州皇家印刷厂印刷　　新华书店北京发行所发行
2015年6月第1版　　2015年6月北京第1次印刷

开本：889mm×1194mm　1/32　　印张：4.5
字数：118千字
定价：26.00元
（凡本版图书出现印刷、装订错误，请向出版社发行部调换）